U0542434

九边
著

复杂世界的明白人

北京联合出版公司
Beijing United Publishing Co.,Ltd.

图书在版编目（CIP）数据

复杂世界的明白人 / 九边著 . — 北京 : 北京联合
出版公司，2021.12 (2022.1 重印)
ISBN 978-7-5596-5703-9

Ⅰ.①复… Ⅱ.①九… Ⅲ.①成功心理—通俗读物
Ⅳ.① B 848.4-49

中国版本图书馆 CIP 数据核字 (2021) 第 225194 号

复杂世界的明白人

作　　者：九　边
出 品 人：赵红仕
责任编辑：王　巍
装帧设计：@热带宇林 rainforest

北京联合出版公司出版
（北京市西城区德外大街 83 号楼 9 层　　100088）
河北鹏润印刷有限公司印刷　　新华书店经销
字数 158 千字　880 毫米 ×1230 毫米　1/32　印张 8.5
2021 年 12 月第 1 版　　2022 年 1 月第 2 次印刷
ISBN 978-7-5596-5703-9
定价：58.00 元

版权所有，侵权必究
未经许可，不得以任何方式复制或抄袭本书部分或全部内容
本书若有质量问题，请与本公司图书销售中心联系调换。电话：010-82069336

写在前面

从毕业到现在一晃已经十年过去了，现在依旧记得十年前离开学校站在北京西二旗的街头茫然四顾的情景，随后的日子好像过得特别特别快，一转眼就到了现在。

现在还记得在格子间里连夜调试代码，担心第二天领导来了发现我的代码有问题而混不过实习期的焦虑；也记得在会议室外紧张地等着消息，不知道接下来是顺利升职，还是继续在原岗位再待两年的忐忑。到如今，以前遥不可及的那些目标都已经在不知不觉中得以实现，我也从当初二十几岁的小伙变成如今三十多岁的大叔。反思以前的事，我想告诉大家，奋斗是一件很痛苦的事，需要你加倍的付出，顶着巨大的痛苦去努力。不过，对我来说事实不是这样，奋斗全程并不痛苦，也没啥明显的感觉，因为陪伴我的，有写作，还有分享。

我想说，写作本身就是力量，也是一盏越来越亮的灯，你培养它，它照顾你。

我们的生活有点像那些游戏中的"捡垃圾"，到了一个地方，先把那地方的箱柜什么的都翻一遍，找出有用的东西，将来升级了技能之后，这些垃圾就可以合成为高级玩意儿。这些高级玩意儿又成了你的得力工具，让你升级更快、战斗力更强，这种幂律增长是可怕的，一开始超级慢，到后来超级快。

只是我们在捡的时候并不知道哪些东西有用，甚至把捡到的有用东西丢掉了，等将来用的时候却找不到了，生活成了狗熊掰棒子，一边掰，一边扔，最后啥也不剩。

而写作，就是给捡到的每个垃圾找个位置存放起来的过程。弄懂了的，用自己的话描述一遍，分享出来，本身就是"费曼学习法"最核心的内容，同时这些观点也有了挂靠和链接，链接到之前的知识树上了。写作过程本身也是学习过程。

总有人问我，某个领域你并不熟悉，为啥还要写呢。

我就很纳闷，不了解才需要学习啊，学得越多，思维越开阔，解决问题就越容易。不断写作和分享让我受益良多，不仅让我在公司的职位越来越高，而且现在我写的东西明显好了很多。此外还有一个意外的收获，就是越来越多的人开始关注我，写这篇文章前，全网关注我的人已经接近一千万，这是我没有想到的。不少人从我的分享中得到了启发，上次《向上生长》出版后，北京不少名校老师在送自己学生进社会的时候也把这本书送给了他们，希望那盏我反复擦拭的灯能照亮一点点他们的路。还有人留言说那本书缓解了他们的抑郁，听到这些，我还是很高兴的。

　　我一直有种去研究自己不太了解的话题的冲动，毕竟我对自己的定位是"关注成长的分享博主"，而不是科普博主。接下来的日子，如果时间充足，我还是会继续分享下去，同时要多谢大家的体谅和支持，毕竟疏漏之处在所难免。

选择和努力
都重要

大神
是怎样炼成的

CHAPTER 3

起点不高
该如何向上攀爬

CHAPTER 4

国运向上，
个人怎样赶上潮头

立足当下，
看清未来发展趋势

放眼全球，
我们该如何突围

CHAPTER 1

[选择和努力
都重要]

为什么你会过上痛苦而抑郁的生活

结合我个人的经历，我发现，有些人之所以会过上痛苦而抑郁的生活主要缘于三点。

坚持做容易的选择

我一直对一夜暴富充满了期待，为了这个目标，这些年干了不少事，主要就是炒股。在炒股之前，我干了一件很多人都会干的事，就是去玩模拟炒股。不玩不知道，一玩发现自己是个股神，玩期货差点财务自由了，如果不是虚拟筹码的话。于是我立刻就坐不住了，兴冲冲地投入到股市当中，结果迎来了惨痛的教训。

很多年后，我跟一个做私募的哥们儿聊起这个，他说炒股赚钱这事之所以难，不仅仅是因为这玩意儿跟写代码、做医生一样需要一定的技能，更重要的是因为这玩意儿其实是在跟自己斗争。面对一件事，每个人都能蹦出一堆想法，最后某个想法胜出，然后被执行。问题是，绝大部分人总是选择那个容易的想法去执行，同时还给自己找理由，让自己相信"容易的选项"才是更合理的。而"容易的选项"和"从众心理"在股市里是最危险的。

为啥你买它就跌，你卖它就涨？因为你和其他人的动作是一样的，你们汇成了一股大流，被集中收割了。大部分人平时不关心股票，只是在股市涨了一段时间后，发现周围的人都赚钱了，他们才开始入场，然后在暴涨阶段大幅买入。其实暴涨阶段就是最后阶段了，于是他们可能遭遇暴跌，从而被"绿"得心灰意冷，不玩了，但是等到下次涨到快要崩的时候又来了。不收割这些人等啥呢？

如果你是长期持有的话，暴跌什么的对你根本没啥影响，比如这几天看着跌得猛，其实也才跌了20%。要知道，明星基金的收益率，都要比上一年涨一倍还多。你惨主要是因为入场太晚，不是经过深思熟虑进来的，而是跟着大家涌进来的，所以就很危险。

一次暴跌对于新手很痛苦，但对于老手们来说不是坏事，暴跌预示着下一个周期的开始。老手们都是等跌完了再建仓，而新手往往会在山顶建仓。这么多年来，总是有无数人同时有同样的想法，这不是偶然的，而是一种必然，因为大部分人都倾向于做容易的选择，而机构们都设有止损线，跌到一定程度自动清仓了，做到了"莫得感情"，谁屠谁自然一目了然。

生活中到处都是这种情况。面对新事物，绝大部分人的选择都是"再等等看"。但其实，初期入场难度是最低的；面对便宜的股票和房产，绝大部分人看不上，等到它涨到贵得不行再买，一买就成接盘侠。碰上挑战忍不住想退缩，多年后回过头来，才发现人生的关键点，都是那些挑战。

前段时间我看到一个说法，说持有房产涨十倍的人非常多，持有股票涨十倍的人却非常少，主要原因是很多人平时没那么多精力去查自己家房子值多少钱，而且把房子卖掉套现也比较麻烦。股票就不一样了，随时可以查，随时可以卖，最后的结果就成了轻易拿不住。

所以说，人类的幸福并不相通，痛苦却是一样的。想法千奇百怪，到了落实阶段，绝大多数人选择了容易的选项。选择了容易，往往快乐是一时的，代价却是持续的。这就好像在游戏里，你选择了低难度，刷怪确实是容易了，但掉落的经验也少，经验值一直上不去，于是级别也上不去，这样就打不了更大的怪，然后级别就更上不去，最后就彻底卡住了。

为啥我拿着虚拟筹码炒股像个股神？因为在虚拟世界里没有"沉没成本"，做啥选择都不会痛苦，而在现实世界里，做任何决定都有代价，很多时候正确决定就在眼前，但就是不敢去做。**所以，第一个保持痛苦的秘诀就是一直做容易的选择，**

坚持一二十年，慢慢人生选择越来越少，也就越来越痛苦。

保持孤僻

吴孟达去世后，周星驰和吴孟达的关系引发了一系列的讨论，不少人说他俩的关系并不像外界传言的那么差。其实了解周星驰的人都知道，他在电影里嘻嘻哈哈，在现实世界里孤僻到了极点，大家可以去看看香港电影圈对他的评价，不是说他不好，而是说他对谁都是淡淡的。

早期大家很喜欢他的"无厘头"，但是他自己演了几年后根本不想再演了，这也是为啥不少人说他的电影好像变了个风格似的，不如以前好看了，因为他自己并不喜欢那些东西，所以后期拍出来的东西就跟之前完全不一样。这种人在生活中有很多，沉迷于自己的小世界无法自拔，完全孤立于这个世界之外，跟谁都保持着距离。

我不知道周星驰到底痛不痛苦，不过在现实生活中这类人普遍过得都不太好，而且"孤僻"是一种"下行循环"，你把自己封闭起来，别人不了解你，会以为你讨厌他，关系自然不会太深，慢慢地你周围就没了朋友，变得更封闭了。

我之前看过一篇论文，分析人际关系对人类大脑的影响，我们跟朋友的亲密关系，功效跟布洛芬有点像，我们从社交中得到的欢乐可以抑制痛觉受体，起到止疼作用。不仅如此，孤僻的人更容易抑郁，可能是负责奖励的大脑区域长期不被激活，慢慢不起作用了。

人这辈子不能一直和高考一样，分数主要是靠你自己，等到大学毕业，你会发现没人跟你单打独斗了，往往是纵向和横向资源一起上，比如家族三代的资源集中在一代人身上，或者是身边有高手提携，这个时候你还指望单凭自己的能力打出一片天地，不是不可能，而是太理想化。你需要别人帮你，情绪上的或物质上的，有赏识你的领导提携你，有关系好的朋友倾听你，防止你自爆。所以，孤僻不仅不利于身心健康，而且对职业生涯也有害无利，孤僻的人承担的压力更大，获得的动力却更少。

当然了，我并不建议大家为了避免被孤立就去进行无效社交，而是说每个人都应该有一两个时常联系的朋友，平时多聊天，互相排解，说不定会对你的生活有质的提升。

所以，第二个保持痛苦而抑郁的生活窍门就是保持孤僻，谁也别理，效果非常好。

准备好了再开始

我们从小被灌输"准备好了再开始"，但在有些国家的精英教育中有个原则，叫"先做，再想"，或者叫"实习生定律"。大家回想下，是不是感觉大学四年学的东西都不如实习几个月学到的多？当然了，这里不是否定大学教育，而是说实习期的学习模式非常好。在实习期间，你直接上手干活，一边干一边学，学了就能用。这一点对于码农们来说好处尤其多，学得最快的就是大学刚毕业那三年，很多东西根本没准备好，直接就冲上去了。

公司和个人都是一样的，特斯拉就是一边投产一边研究接下来怎么进一步迭代优化，所以它的电动车就跟哺乳动物似的，一直在进化。

很多时候，如果提前充分认识到了困难，那很多事情根本没法开展，大部分人会被直接吓退，甚至很多成功的创业者也表示，当初一腔热血，根本没意识到后来有那么多麻烦，如果一开始就知道那么艰难，就不会开始了。

十年前工业界很不看好新能源车，因为电池成本太高，造出来的车太贵，根本没法推广，那时候大家更看好氢能源。事实上在接下来的十年间，随着各个主流电池厂商的不断努力，再加上电动车卖得多，大量科研经费被投入到电池应用上，电动车的电池成本在十年间降低了近90%，现在越来越便宜，如今电动车成了主流，氢能源反倒提得越来越少。

所以，有啥想法可以先低成本地做起来，一点点迭代，一边做一边学，**不一定要用最漂亮的方式解决碰到的问题，哪怕用最笨的方式解决了，也比没解决强。**事前想得太多，很容易最后也没成行。以小见大，以大见小，逻辑都差不多，事情比知识重要，有事就先做事，如果一直不开始，时间久了就忘了自己的初心。

人生的三道窄门

如果把人生当成一个打怪练级不断上升的过程，那我们大概有三道门需要跨过去。

第一道门：教育

从现在来看，教育有两重意义。第一重，教育本身是个认证机制。既然是认证机制，那么就要学一些平时用不着的东西，来筛选你某方面的能力。才智一般的人，勤奋也是一种优良品质，一样可以作为选拔标准。**学历代表着起点。有了学历，很多职位就会对你敞开，你也就获得了一个先发优势**。学历不如你的人，除非有神奇技能，否则得用一辈子或者很多年，才能摸爬滚打奋斗到你的起点。

所以在接下来的很多年里，学历依旧是很多人保持先发优势的一个基础。如果连高考这种相对公平的竞技都拿不下，后续的游戏会越来越难，因为高考之后的比拼，大部分都是在拼道具。

高考会对社会进行第一轮分层，水平接近的人趋向于待在一起。不同圈层之间接触越来越少，了解也越来越少。互联网并没有消除这种隔阂，反而在加剧。之前知乎上有个问题——"月薪三万元真的很容易吗？"提问者是个来自三、四线城市学历一般的小伙。他围观了自己周围一圈人，发现只有干得非常好的领导才能达到这个收入，但是平时看大城市各个互联网公司的招聘，很多大学生一毕业就能拿到这个收入，他感到很迷茫。

其实，很多人一步顶别人十年，并不是他的岗位需要的技能有多难，而是他所在行业本身是"财富突出部"，第一轮简历筛选就把绝大部分人给干掉了。毕竟在招聘人员看来，学历的本质是眼前这个应聘者过去十几年的一个总结证明，你说他是愿意看一张有形的总结证明，还是愿意相信看不到的品质？

当然了，学历只是门槛的一种，还有更复杂的。大家看过《人民的名义》吧，里边说汉东省的官僚系统分成两大派，一派是以政法大学毕业生为核心组成的"政法系"，一派是由领导秘书组成的"秘书系"。以小见大，这种派系到处都是。因为"小圈子认同"是人的本性，从部落时代沿袭下来的习惯已经根植于人的基因，人都会习惯性加入某个小圈子抱团取暖，小圈子里的人也倾向于给自己人以帮助，以备将来自己需要帮助的时候有人拉一把。

很多时候你的毕业院校也会形成一个天然圈子。面试官是哪所大学的，他就倾向于要哪所大学的人；项目组的组长是哪所大学的，他也倾向于选择自己的学弟学妹。

教育还有一重意义，就是降低社会的"共识成本"。基本知识越多的两个人，坐在一起对有分歧的问题展开讨论，就不需要对一些基础性的东西进行解释。比如，别人和你聊《雪中悍刀行》，如果你没看过这本书，那就没法聊。再比如，你从没用过商业数学软件 MATLAB，你都没法想象它的那些功能，也就没法跟那些搞科研的人聊。

知识层次接近的人，更容易最终达成共识。而且，随着知识水平的提高，人的脑子越清楚，看事情就越容易看明白。有事双方一讨论，有道理的那方胜出，而不是胡搅蛮缠，彼此听不懂对方在说什么。"达成共识"的最终目的不是聊天聊得爽，而是更好地协作。开展大型项目最大的问题就是沟通成本，因为几乎所有相关人员都得不断磨合，对一个目标形成共识，不然没法开展工作。而教育，很多时候就是给大家提供一种共同的"知识地层"，让大家的大脑有条理、有基础，对一些基本原理有认同，进而实现协作，解决问题。

现代社会效率能大大提高，离不开义务教育直接否定了很多伪科学的功劳。读过书的人把"万有引力""进化""热力学第二定律"当成常识，大家就没必要再去纠结这些基本原理对不对，可以直接在这些原理之上解决问题。这就好像你平时用电脑，很少关心操作系统怎么运行一样，更不会去关心底层驱动怎么运行。教育就是给大家都装了个一样的操作系统。比如，大家在讨论建一栋大楼的时候，商量的都是地基够不够稳，有没有人会买这栋大楼，而你突然冒出一句"咱们盖楼会不会惊到山神"，这就没法讨论了，人家只能把你踢出去继续开会，因为你跟其他人的知识地层不一样，跟你沟通纯粹浪费时间。

说到这里，就得解释博士跟普通人的差距在哪儿。两者差的并不是知识量，尽管知识量本身差距很大，但真正差的是"研究的习惯"。碰到一个问题，普通人可能就是上百度查一下，了解个梗概，而受过系统训练的博士可能通过多种方式，比如查期刊论文、查英文资料等，深入地把这个问题研究透，把问题彻底弄清楚。一般人既没有博士们研究问题的那种心力，也不具备那么强大的深入研究问题的"工具库"。

"工具库"越来越比人本身更重要，现代人一天创造的财富可能比古代两千年创造的财富总和都多，不是因为人们进化出来两千只手，而是拥有越来越先进复杂的工具。工具本身超越了我们自己。大到空间站，小到给心血管做手术的纳米手术刀，还有很多不太明显的工具，比如积累下来的论文库、码农们日常用的 git、剪辑视频用的 Final cut，甚至包括富人们经常玩的信贷，本质都是工具库里的工具。使用先进复杂的工具干的几个小时的活，可能比没有工具的人几年做的活都多，更别提有些问题如果没有相关工具根本无法解决。

不少一文不名的人通过发视频成了超级博主，这正是利用了互联网这个工具对自己的优势进行了放大。前段时间我看新闻，说两个学历非常低的年轻人参与了某重要电影的后期特效制作。这两个人就属于没有学历，但拥有厉害的工具，这工具为他们赋能了。

大家一定要记住一句话，别把关系弄错了：**你从互联网上学新东西、掌握新的技能，或者互联网帮助你实现自我，那么互联网就是你的工具；如果你只是在互联网上玩乐，花了自己的时间和金钱，却只得到了精神的满足，那你是互联网的工具。**在免费的江湖里，你就是产品。

所以，教育有这么几个目的：

1. 获得文凭；

2. 会使用几个先进复杂工具；

3. 掌握参与协作的基本知识。

这三点都是不断"退而求其次"的——先要拿到文凭，如果拿不到厉害的文凭，那就拿个一般的；如果拿不到文凭，那就掌握几个先进复杂的工具；如果工具也掌握不了，那就做一个有基本常识的人。之所以说教育是道窄门，是因为绝大部分人在这三样当中一样都没掌握。

绝大部分人在"教育"这道门上碰得头破血流，学历高不高是次要，毕竟人生路漫长，今后翻盘的机会非常多。但是，如果一个人从一开始就认识不清，常识感太弱，总是在没谱的事情上拧巴，不能理性地看待问题，没有主见，不会去吸收新东西，看到不理解的东西就觉得是在瞎搞，那么不用怀疑，他的人生掉坑里了。

我们为啥要终身学习，不是因为知识有多值钱，而是要把自己变成一个讲道理、能吸收新东西的容器，这样在机会到来的时候，我们不会本能地去忽视，而是会去研究下这个新鲜事物到底是啥。就比如我多年前接触比特币，第一反应是这玩意儿肯定不靠谱，懒得去了解。虽然我现在也没太了解比特币，但是我已经认识到能被广泛关注的新东西肯定不那么简单，值得花时间去了解下。所以，虽然教育本身是个人人都经历的事，但并不是每个人都能真正从中受益。这是第一道窄门。

第二道门：工作

看起来人工作的时间很长，如果从 22 岁大学毕业开始工作，到 65 岁退休，中间有四十多年的工作时间，其中决定未来发展方向的大概就是毕业后那八年左右的工作经历。毕业工作七八年之后，你人生的职业格局基本就确定下来了，越往后，能改变的概率就越低，一眼也就看到头了。

工作有两种：一种是本身就非常局限，上限不高，可能唯一的好处是看着稳定；另一种是看着不稳定，但上限很高。如果你选了第一种，那也没啥可说的，提前过上了老年人的生活。对于第二种来说，能不能升上去往往是一种表象，比升迁更重要的，其实是看你到底适不适合这个体系，以及你对你的工作有没有热情。

同一件事，有些人干起来就跟玩似的，有些人却跟坐在火炉上烤一样焦灼痛苦。对工作没有热情，自然不会思考怎么去改进；不改进，自然也就不会有突破。无论是给自己做还是给别人做，如果没有持续的改进，每隔一段时间没有一点微小的突破，很容易被同行里那些这方面做得好的人超越。积少成多，如果放在毕业工作后五六年这个长度上，人和人之间的差距真的可以拉到很大。

在学校里，大家的差距不太明显，毕竟知识不能直接兑换成金钱，不兑换成金钱效果就不明显。但是到了社会上，随着学识逐渐兑换成金钱和地位，人和人之间的差距就越来越明显了。一般大学毕业二十年后，同班同学再见面，彼此的差距天上地下就是这个原因。累积的量变形成了好几次质变后，彼此就不在同一个维度了。

而且，你能不能升上去，本质还在于你能提供多少价值。

哪怕你啥都不会，就会拍领导马屁，那也是为"关键角色"提供了情绪价值。从这个意义上讲，参加工作后，你就得想办法不断输出价值，并且要不断提高自己输出价值的能力。你最后的目的是能力增强，上升到关键位置，或者让领导把你提到关键位置上去，反正都得往上爬。再或者从一个赛道变换到另一个赛道，我认识几个人，虽然创业搞得一塌糊涂，但做自媒体反而成功了。

说到这里，有人就觉得很难受，说自己所在的职位，干多干少都一样，主要看关系和背景，成绩和能力不挂钩。这也是没办法的事，谁让你选择了这么一个不看努力的体系，那你就只能为你自己的选择买单了。

这也提醒了年轻人，你到底能不能接受那种缓慢、一眼看得到头的生活。如果能接受，那问题不大，虽然稳定是有代价的，而且代价非常大。如果接受不了，那就去冒险，去承担不确定性，去搏一搏。

前几天我看到一个数据，说深圳80%的人在租房，大部分人一年的工资不够买一平方米的房子，所以大部分人最后都得离开。但是换一个思路，如果你在老家也没啥发展，为啥不去大城市试试呢？在大城市搏一下，说不定能搏出点别的呢。

所以工作是第二道窄门。有些人从事的职业能一眼看到头，提前过上了养老生活，尤其是刚毕业就从事这种工作的人，越往后活动空间越小；有些人对职业本身没啥激情，他们最终会被卡在这道门之外。

第三道门：风口

大家可以问问身边比较会赚钱的人，真正跟你关系好的人多会告诉你，赚钱的最根本原因是运气好，不小心进入一个正反馈循环，怎么玩怎么有，很快就发了。财富累积就是这样，跟上班赚钱和学习新知识完全不是一码事。关于赚钱机会，现在流行叫"风口"。抓住一个"风口"，你可能就不是多赚20%或者30%，而是成倍往上翻。

每个人一生中都会经历这么几个大泡沫。泡沫并不完全是坏的，其实现在的房地产造富神话本身就是泡沫造富，比特币也是，股市也是。如果你抓住了这些泡沫，你财富累积的速度比火箭升空的速度都快。最近十年，我就亲眼看到了四个造富神话：房地产、茅台、比特币、互联网（包括各种视频和直播平台的崛起）。大家感受下是不是。我知道有些人到现在都觉得这四样是在瞎搞，但事实摆在那里，你不得不承认。

大家不要觉得自己已经错过了那些风口，接下来的十年肯定还有各种风口。财富的轮子就这样滚来滚去，不出意外的话，咱们眼前或许就有一个，只是表现不明显，待到很多年后我们回过头来看，可能会发现很多迹象。

当然了，我只是给大家解释这个道理，并不是建议大家去找风口，所有真正赚钱的套路背后都有风险，而不同的人对风险的感受又是完全不同的。

比如我认识一个哥们儿，炒股赚到了钱，非常多的钱，没碰到他之前，我都不相信有人真的可以在 A 股这个赌场里赚到钱。这个哥们儿说了他对风险的理解，我觉得非常有道理。他说他是潮汕人，如果今天 10% 的家产没了，他心里波澜非常小，并不是有钱才这样，没钱的时候也这样，从小父母就给他灌输这种观念。另外，他长期浸淫股市，对行情理解很深，别人眼里的风险在他眼里不算风险。这有点像一个消防员给群众做消防演示，他点燃一个燃气罐，群众都吓得够呛，但他自己非常淡定，因为作为一个资深消防员，他知道这是没有风险的。

还有一些人，虽然赚到了钱，但是完全不懂其中的门道。不少人在过去几十年里，买房子、买基金、买比特币、买茅台确实发了，其中有些人并不懂为啥，而那些真懂的经济学家普遍是靠知识付费赚点钱，很少有靠投资发财的。有些人甚至是坚持了错误的观念而做出了对的投资。之前一个私募基金经理分享长期盈利秘诀的时候，他说每个人一生中只要做对了一件事，就可能彻底翻盘。他说他二叔坚持买茅台股票近十年，并不是因为他二叔对茅台股票有深刻的了解才做出的理性决策，完全是因为多年前还是大学生的他，指导二叔坚持买五粮液的股票，结果他二叔把五粮液记成了茅台，一直买，所以就发了。

财富累积就是这样，有两个维度。一个是线性的，你通过出卖自己的时间赚钱。如果你卖给固定的人，那你就是打工；如果你直接到市场上卖，那就是自由职业；如果你倒卖别人的时间，那就是创业。这些钱有的来得快，有的来得慢。

财富累积还有一个维度是，你有意无意撞了大运，于是趁势积累了财富。从这个意义上讲，"你赚不到超出你认知的钱"这种说法是错的，小钱靠认知，大钱靠大运。只是今后的钱越来越向信息层面转化，所以对认知的要求越来越高，无脑赚钱的年代越来越远去了。

那有啥办法能把握住这种好运呢？

首先，你得通过工作提供现金流，这没啥可说的，就是得有初始资金嘛，初始资金越大，玩法越多，普通人往往看不上收益率10%的理财产品，因为10%的收益改善不了他们的生活。但是，如果你有几千万元，年利率10%，收益就非常可观，你说好不好玩。

其次，你得承担一定风险。风险和财富就像硬币的两个面，正是因为风险的存在，其他人才不会轻易跟你抢食，而等到大家都明白过来，财富，包括买房"造富"这样的神话，今后慢慢也就少了。当然了，不要为了财富去承担那些你承担不了的风险。

最后，所有泡沫不是一天涨起来的，而是需要很多年，如果愿意，你有足够的时间去研究它。大家想想房产、比特币，是不是都是这个逻辑？大部分人都是很早就听说了这些玩意儿，但是直到最后期才加入进去，结果就成了"韭菜"。所有风口都是这样，第一拨吃肉，第二拨喝汤，第三拨还债。那有啥办法没？没啥办法，**除了运气，就是要保持一颗宽容和能学习的心，碰上新东西，愿意去学习，愿意去了解，而不是直接将其跟"瞎胡闹"画等号。**

我写这些的目的并不是建议大家都去投资或者冒险，千万别那么想。我就是给大家介绍下所见所闻，不一定对，说出来也是跟大家讨论下，而且我这里讲的是"窄门"，既然"窄"，那么绝大部分人是穿不过去的。所以，如果你最终没过去，也不要纠结；如果过去了，尽量心怀感恩吧，能力占的比例没大家想的那么大，运气占大多数，只是自己承不承认的问题。但是无论如何，要怀有一种开放心态，碰上新东西敢于并善于去学习，说不定哪天就会有意外的惊喜。

这些年混江湖的一些心得

慢就是快

有小伙伴说我的公众号为啥写热点新闻内容那么少，这也是我 2020 年想明白的最重要的几件事之一。我前期蹭过一段时间热点新闻，效果非常好，文章阅读量冲得非常非常高，一度让我有了种好日子就这样过下去的感觉。但这是个双向的事，内容在选择读者，读者也会选择内容。天天蹭热点，读者结构也会慢慢发生变化，那些并不关注热点、在意深度内容的读者就会流失，最后就只剩下看热闹的读者了。不是说看热闹就不好，只是我跟他们在一起没法进步。

我后来发现不少有水平的博主经常蹭热点，时间长了，离开热点就不会写了。更重要的是，他的粉丝结构也变了，他再转不回去了，写点别的，粉丝就嚷嚷，说"别写这个，我们不看这个"。这样博主很容易动摇，一直蹭会觉得心虚，不蹭又不知道写什么。所以我果断调整了思路，给自己定了个规矩，写每篇文章，我必须能学到点啥，也能让读者学到点啥。

这么搞尽管阅读量不像之前那么高，但是整体扎实了，我自己一边写一边学，也能保持一个不断进步的势头。

我想了想，我以前做过的很多事，其实沿着既有路线慢慢做下去就可以做成，但总是出于各种原因，情绪波动，或患得患失，或急于求成，或意志消沉，或太过在意别人的评价，最终把事情搞黄了。多年以后一复盘，我发现绝大部分搞黄的事，基本跟"心态崩溃"有关，甚至"九边"这个公众号，我放弃过一次，考虑放弃过几十次。大家也可以反思下，是不是大部分没做成的事，跟能力关系都不太大，主要是当时想法太过奇葩，太过急于求成，自己把自己给坑了。

我也经常收到各种批评，有善意的，也有恶意的。这是没办法的事，以前这玩意儿挺干扰我，经常让我陷入自我怀疑；现在好多了，我能把这些乱七八糟的东西都排除在外了。比较有意思的是，从我只有 200 个关注者开始，就不断有人说"博主你写得不如以前了"，到如今我在全网有几百万个关注者了，仍然能听到这种声音。现在想想，这确实是没办法的事，不管你做啥，都会有人不喜欢，如果太过关注负面评价，那你啥事都别干了。

而且，"心态崩溃导致事情被搞黄"这个逻辑到处都可适用。比如，有人炒比特币、白酒、电动车、光伏，从价格很低的时候就开始炒，等到这些东西价格都非常高了，他们反而没赚到钱，因为这些东西都是在波动中上涨的，大部分人随着价格的波动，各种操作、买卖，最后看着好像折腾很多年，其实根本没赚到。所以不管干啥事，都要情绪稳定，最好是"莫得感情"。

我前段时间在知乎回答问题的时候，讨论了到底能不能一辈子做技术。其实，能不能一直做技术，和技术赚不赚钱没关系，关键是自己的心态。因为你慢慢地会承担以下非常惨烈的痛苦：

1. 你最好的朋友升职加薪了，你没有；

2. 你大学同学发财了，你没有；

3. 你亲戚涨工资了，你没有。

这些伤害非常大，远远比"技术有没有前途"重要得多。可能你自己三十多岁干着技术，一年能赚大几十万元，别人还挺羡慕，但是你的内心却很崩溃，因为你周围的人去做管理了，收入比你高。你久久没法平衡，最后对职业产生了厌倦，手里的活越看越烦人。

同理，我最近认识了一些网文大神，书写得好好的，突然就不更了。我还挺纳闷，我说那么多人等着看，为啥就不更了。其中原因不一，但基本都是写作后期出现了落差，要么自己觉得写得不如以前了，要么就是被人骂了，追更的人少了，反正是心态崩了。虽然其他人觉得写得还可以，但是作者自己经历了一番跌落，心理上维持不下去了，手里的活再也没有吸引力了，只想尽快练个小号。

所以我这几年有个感受，每个成事的大神，都得对抗无数心态上的崩溃。别人泼的脏水，自己天性里的惰性，还有社会比较导致的心理失衡，这些痛苦越持续，伤害越大。

回到文章话题，当一个博主吃惯了热点流量后，这种流量本来就不太稳，情绪随着流量波动，非常不利于身心健康，而且容易陷入各种没啥道理的自我怀疑。另外，热点文章保质期特别短，也就一两天，过了就没法看了，这和我一直以来的想法是相违背的。

我以前说过，自己干和上班有个明显差别是"长尾效应"，你在公司搞个产品出来，公司付了你工资，然后就没了，将来这个产品能卖多少钱，能卖多少年，都跟你没关系，哪怕这个产品创造出一个巨大无比的公司，也跟你没关系。但自己搞出来的东西自己卖的话，就有一个随机性和长尾性。随机性说的是你的作品可能会没啥效果，但是也可能会爆火，爆一个可能就能改变一生。"长尾性"说的是你今天的一篇文章，明年可能还在给你吸流量，很多文章叠加在一起，就会产生一个巨大的长尾。

人总是要做选择的。选择短期还是长期，是快还是慢，都得主动选，最起码得做到让自己不做流量的奴隶，能够静下

心来研究点价值输出。所以我后来就下决心热点能不蹭就不蹭，争取每篇文章我自己搞明白一件事，比如之前有篇讲电动车的，我看了几十万字的材料，找了十多个业内大神，最后不仅我自己对电动车的理解上了一个台阶，读者也有所收获。

搭建价值网络

如果是做买卖，到底什么样的买卖才能做得规模又大又长久？现在有个说法，叫"价值网络"，也就是你能提供价值——能帮到别人的东西叫价值；你还需要网络。网络让价值不断放大，价值让网络不断铺开。

这个说得有点绕，举个例子大家就清楚了。最明显的例子是蒸汽机，这玩意儿在古希腊时期就有了，一直在被人改进。瓦特其实刚好赶上一个临界点，在他之前，蒸汽机一直用于给矿井抽水，虽然能帮上点忙，但是故障率和笨重性严重束缚了这玩意儿的功能，这样优点缺点一抵消，且缺点略占主流，导致蒸汽机一直没法普及。瓦特改进之后，蒸汽机才开始在越来越多的领域提供正向价值，大家也就需要这玩意儿。用蒸汽机的人越来越多，它就会被越来越多的人知道并使用，慢慢就变得势不可当，席卷全世界。改进之后，蒸汽机用在了火车上、轮船上，大英帝国跑步进入了新时代。大家做其他事情也是一样的。但凡能成的事，肯定是能给别人多多少少提供点价值的，只有大家获取到的价值大于付出的时间成本，你做的这事才会跟那个蒸汽机似的有人需要。

另一个关键是"网络"。网络不是咱们用的这个网络，可以理解成"链接"，是一种互相背书的关系，类似你朋友用过一个东西不错，介绍给你；你用了也不错，介绍给另一个朋友，说不定他就收到两次推荐了，可能更喜欢这个产品。而且网络里有 KOL（Key Opinion Leader，关键意见领袖），被他们推荐一次，可能顶被别人推荐一万次，类似淘宝店里经常说的"某某主播、某某明星推荐"。还有那种奇特的事，老先生的画一辈子没人理会，突然被大画廊选中拍卖了一次，于是身价暴涨。

有价值的东西会自己形成网络，这里的价值包括很多东西，比如知识、方法论、安抚情绪什么的。**所以不管做啥，首先想到的是能不能提供价值，而且是持久的那种。如果可以，那就不断输出，慢慢让价值沿着网络扩散。**

微小迭代

我当初刚踏入软件行业的时候，经常纳闷一个项目工程几百万行代码，大家是怎么写出来的。

后来发现这不是个事。如果一次性写这么多出来，确实比较麻烦，但是项目跟楼盘似的，都有一期二期三期，每次加点新功能，慢慢就变得非常不一样了。

我见过一个特别的项目，最早是客户担心设备过热，但又不想在现场看着，于是让我们给做个小功能，一旦过热，设备就自动给客户发个短信。一个实习生总共写了不到五十行代码搞定。后来客户要求把其他的一些故障检测也设置个短信提醒，这样的需求越来越多，一直折腾，折腾了五六年，现在这个项目已经衍生成了一个独立的管理系统，还能单独卖钱。其他软件项目也差不多。每年做几个月，每次加几个小功能，慢慢就变复杂了。有些软件被某个公司做了几十年，形成了壁垒，其他公司想加入非常困难，比如那几个著名的数据库公司和操作系统公司。

包括我在上文提到的蒸汽机，瓦特在纽科门蒸汽机上做了改进，后来特里维西克又在瓦特的蒸汽机上做改进，发明了高压蒸汽机，用在了火车上。这玩意儿也是在不断进化的。

这几年我发现，做产品、运动和写文章都差不多，一开始搞个小的，慢慢往大里折腾。马斯克在一个谈话类节目里也讲到这事，忘了原话是怎么说的，大概意思是"微小迭代"，这对我冲击很大，也就明白了那句话，**"做大事和做小事差不多"，反正再大的事，也是分成很多件小事慢慢做**。我写文章也是，看着一大篇，如果一口气写出来确实比较虚。现在也是先写个架子，然后再慢慢填，或者把微博里的内容找过来塞进去，一开始没法看，改几遍就成形了。我现在也开始觉得，不管啥事，只要能分成足够小的可操作步骤，基本啥事都搞得定。

这些年我有个感受，人可以选择自己做的事，做的事也会反过来塑造人，两者之间是一个相互促进的过程。希望大家都能找到属于自己的事，能够长期输出价值。价值创造网络，价值也会塑造你。

别做流量的奴隶。

静下心来
研究点价值输出。

持久提供价值，
创造网络，
微小迭代，
价值就会塑造你。

大城市是修罗场

我大学毕业那会儿，是去大城市还是回老家，根本不是个问题，因为我大学主修物理、电路什么的奇怪课程，不去大城市能去哪儿？回我们县城似乎没啥出路，毕竟挖煤又用不着大学生，所以只能待在大城市，死皮赖脸待在城里，指望着将来工资涨起来。

很多小伙伴问：你们那会儿是不是房价没现在这么高？也不低，事实上一线城市的房价就没低过，从唐朝开始就非常贵。2006 年之前倒是没现在这么贵，不过也没人买，等到大家注意到这玩意儿会升值，已经贵得没谱了。

把这个问题换一个角度，假如现在是 2030 年，回头看，2020 年肯定有什么东西在等着爆发，但是我们能看懂吗？会借钱去投资吗？应该会有人那么做，但不会太多。回到 2008 年之前，大部分人的心态和现在的我们差不多一样蒙，只有极少数人无意中抓住了机会。

当然了，也有一些人确实是看明白了，那时候已经有很多人出国溜达，知道国外的大城市房价贵得离谱，有人就下手了。说了半天，还是没说为啥要去大城市，其实就我个人理解，主要是下面这几个原因。

个人价值在"快速通道"里才能起飞

有个常识性的东西很多人不知道，人生需要杠杆，自身运气和国运就是那根杠杆，国运好理解，国运上升期很多人啥都没干就跟着上来了，咱们重点说机遇。

如果只靠个人能力，发财非常难。发财要靠机遇，大城市机遇多。尽管我自己还没发财，不过我这些年亲眼看到了周围很多财富神话的诞生，我自己也经历了几件不错的事，都是机遇占了很大的比例。

这里倒不是说人可以什么都不干，等着天上掉馅饼。恰好相反，努力和进取是给我们"保底"的。也就是说，对于大部分人来说，努力不一定有好结果，但是不努力连个差的结果都保不住。如果想更进一步，那就需要一些复杂的操作，比如需要有人拉扯你，或者你不小心步入一个新兴行业，或者不小心接触到了什么厉害的玩意儿。世界这么大，任何东西都会有一部分人接触到，如果那玩意儿爆发了，最早接触它的人也发了。比如 2010 年那会儿，只有发展得不好的人才会去做手机端的 app，因为智能手机刚出现，势头还不明显，如果当时就入行，那就恰好赶上了这波大潮，折腾到现在，想发展得很差都比较难。

再或者，人生需要一些加速通道，经历过这些年互联网大潮的小伙伴都有感触。本来不温不火的一些人，后来不小心去了什么地方，那地方正好疯狂扩张，很快就从小兵升成了领导，然后升到了项目主管，而在正常情况下，慢慢往上升，达到这个职位可能需要四五年。几年前，我当时所在的公司正发展得风生水起，这时候让我离职自然是不可能的，但那时候有些人在公司发展不下去，于是跳槽去了初创公司，而现在这些人都快实现财务自由了。

从长期来看，只要环境足够多样性，优势和劣势是可以互相转化的，而且你的工作成果很多时候是和社会认同相关的。比如，之前有幅画被认为是莫奈的作品，于是被卖出了天价，被大收藏家收藏，进了展览馆。但是后来这幅画很快被人鉴定出并非莫奈的作品，而是有人在莫奈那个时代的画布上画的，所以在鉴定画布的时候，专家们一致认为这幅画是莫奈那个时代的。既然被证伪，这幅画也就成了垃圾，没人要了。同理，前段时间有个出版社的朋友和我说，大刘（刘慈欣）的《三体》火了后，他们出版社也跟着赚了一笔，因为他们早就把大刘的一部分作品签下了，之前苦于大刘没火，那么好的作品都没卖出去几本，现在大刘火了，这些作品也跟着火了。

举这俩例子有啥用意呢？同一件作品，在不同的场景下命运完全不一样。**现在我们这些努力成果，换个环境，或者换个评价体系，就能卖出完全不一样的价钱。而大城市，就提供这样一种多元的交易环境，换工作、换环境都容易得多。**你的价值才能从多个角度被评审，很可能会被评审出一些奇怪的东西。比如你在大城市接触的人多，万一碰上赏识你的人，或碰上适合发挥你天赋的工作呢。

在小地方，这种机会可能就太少了，因为你接触的人往往层级也不是太高，他想拉你也拉不上去，而且小地方自带天花板。按理说，每个人都有些奇怪的技能，只是大部分人一直没机会挖掘出来，而大城市里聚集的人越多，场景越多，发掘个人技能的机会也就越多。你擅长的一些奇怪东西，你自己可能都没注意到它们的价值，如果待在小地方，你擅长的那些可能这辈子就被埋没了。

比如几年前我认识的一个房地产销售员，他其貌不扬，微胖，三十来岁，长了一张人畜无害的大圆脸，对房产相关的东西侃侃而谈如数家珍，天生让人有种信赖感，他一直都是他们那一片的销售冠军。他跟我说，他在来北京当房产中介之前一事无成，他们那地方也没有房产中介，直到来了北京开始卖房，他才知道自己天生是个卖房的，现在一个月赚的比他在老家十年赚的都多。

进步就是对自己下黑手

在小地方，你可能到点就下班了，偶尔一次加班到十点多，看着地铁上空无一人，很容易陷入自我怜惜，觉得自己太不容易了。但是在一线大城市，早上七点地铁就很难挤上去了，晚上十点下班路上可能依旧摩肩接踵。在人人挣扎向上的氛围里，个人也就没那么容易感到脆弱了，能够承担更重更复杂的工作，成长也就加速了。

我前几天在微博上发了个帖子，我说是不是自从特斯拉来了后，比亚迪这些企业比以前进步明显。从评论区的情况来看，这个观察明显没啥问题，特斯拉威胁到了那些企业，所以它们自然使出了吃奶的劲。**我在评论区里说，进步本身就是对自己下黑手，如果没有压力，没人能下决心伤害自己。个人也一样，感受到危机，感受到差距，才会积极地进行自我改造，改掉各种奇怪的毛病，戒掉自怨自艾。** 大城市整体是逼着你前进，你稍微慢点都会受惩罚，这在小地方非常难以想象。这方面，大城市自带危机感和差距感，非常适合自虐，年轻的老爷们儿，适合去大城市接受一番洗礼，这样在后半生才能坦然面对生活的重击。其实"痛苦"这玩意儿很多时候是一种"预期"，比如部队新兵经历了新兵营，此后承受痛苦的能力就明显提升了，并不是他们真的脱胎换骨了，而是经历了那些刻骨铭心的训练，他们承受痛苦的"阈值"大幅上升了。

此外，一线城市的工资比其他城市高得多，前几天有个小伙伴给我发私信，我觉得他说的挺有道理。他说他在北京送外卖，一个月跑得好能赚到七八千元，差的时候五六千元，不过他还是要待在北京，他和几个兄弟一起在城外租了出租屋，每月房租六百元，每天吃喝花费二三十元，除去这些开销，剩下的钱全部寄回了老家，每个月至少能寄回去五六千元，孩子在老家过得还不错，他觉得现在的生活也还可以。

也就是说，虽然一线城市比其他地方工资高，但是，如果你把多出来的这部分钱都花掉了，那么当你有一天需要离开一线城市时，你的青春年华就相当于变成了那座城市的燃料；如果你把多出来的这部分钱攒下来，带到二线城市，那就相当于一线城市给你提供了燃料。

在大城市生活的代价

其实上文说的内容本身就带有一种不好的暗示，就是大部分人没法发财，大部分人没能激发出特殊的技能，大部分人没摊上好运气，他们空耗了时间，最后在大城市什么都没落下，还是得退到二、三线城市。这种恐惧从人们踏上大城市开始，就一直如影随形，甚至担心自己像一颗柠檬似的，在被大公司榨干最后一滴汁水后被无情抛弃。另外，有时候你在一线城市收入已经非常高了，但是跟周围的人一对比，毫无优越感，因为在一线城市，大家才能体会到什么叫高手云集，这种感觉会进一步加深那种抑郁感。在这种情况下，大城市到处弥漫的那种焦虑就很容易理解了。

很多人觉得自己活得很不爽，但在其他人看来他纯粹有病——他收入已经那么高了，为啥依旧不爽？其实在他那个位置上，可能谁都爽不起来。在这种情况下，自然而然就演化出各种奇怪言论。比如，家里有王冠需要继承还是咋的，生啥孩子？生出来孩子继续像自己这样悲催吗？人在处于压力和消沉状态下，对这种观念更容易接受一些，从而导致有些人不愿意或不敢生孩子。

我之前看到一个妹子在我的评论区评论，她说她在上海的时候，每天累得喘不过气来，觉得生孩子简直就是作孽，也没时间带，和闺密们讨论的时候，都决定不要孩子。后来回了成都，找了个相对轻松的早九晚五的工作，单位离家不远，步行上班，周末双休，婆婆也在当地，下班后看着其他人遛娃，自然而然觉得要生一个，生了一个后觉得也没那么难，又觉得需要生个二胎。而且非常奇怪的是，在上海的时候，周围的人聊到孩子就发愁，到底生还是不生，觉得非常纠结。回了成都，这个完全不是问题，到了那个阶段不要小孩，反而有点怪。

　　整体而言，**一线超大城市提供了一种"场"，在这里，你有更多的可能性，潜能更有机会得到激发，更有可能成为你自己可能完全没法想象的人。但同时，在大城市生活的代价也是很大的，比如持续的压力、焦虑等**，从而影响个人的身心健康。

　　如果你出身不咋的，还年纪轻轻，不敢出国，但又想出去闯闯，去一线城市绝对是个好选择。如果你本来条件就还不错，而且打算简简单单过日子，那待在二、三线城市就挺好，没必要去一线城市受那个罪。

年薪百万
和自己做生意年入百万哪个更优秀

　　这么说吧，年薪百万，基本都是自己赚的，每一毛钱都是血汗钱。我这些年碰上的凭借工作年入百万的人，清一色是名校毕业而且往死里累。我接触的靠做生意年入百万的，则干什么的都有，小作坊老板、小个体户、包工头、烤串店老板、菜摊大妈、淘宝店主、女装博主等，遍及各行各业。通过技术赚上百万对个人的要求特别特别高，大部分都接近技术天才了，真的是那种一堆人啥办法都没有，大佬一出手就知有没有的高手才能行。

　　也就是说，想靠工作拿高薪，准入门槛非常高。相对而言，靠做买卖获取高额收入准入门槛要低一些。当然，这不是说做买卖就容易，只是说准入门槛低。你想，几个人能获得年薪百万的职位，但是做生意要求就比较低了，我小学同学高中都没读完，在包头开了家汽修店，现在兼营洗车和烤串，后续说是还要搞美容美发，一年也能赚到百万。

　　我业余搞自媒体这么久，对这一点感触非常深。做生意最大的特点是随机性，赶上了可能就暴富了，当然了，它不如上班那么稳定。上班的话，你知道明天自己大概率是啥样的；做生意的话，半年后会怎么样你可能都说不上来。我以前的一个同事开了家烤串店，去年确实赚到了，因为他会一种复杂的腌肉技巧。但今年他的店就关门了，全年赔了几十万元，他准备等明年形势好了再开张。

上班和做生意是两套逻辑。打工人的价值是经过两次评估的，第一次是市场，第二次是体系，也就是你做的东西首先是符合市场需求的，才能卖得出去，卖出去之后，领导再给你评估一次，从市场上收到的钱里分一部分给你。由于你不占据主动权，可能出力你是大头，但分到的钱是小头。

上班和做生意还有个边际收益的问题。比如我以前写的代码，公司投放到几万台服务器上去运行，给公司赚钱，那公司会每卖一台服务器，就给我分点钱吗？当然不会。做生意就不一样了，你的东西只要是符合市场需求的，卖多少你赚多少，一直卖，你就能一直赚。当然了，东西卖不出去你就要自己担着。很多时候卖东西并不需要太高的智力，也没人管你的学历什么的，卖的东西高级可能会赚到钱，卖的东西低级可能也能赚到钱。

上班要达到年薪百万是非常非常难的，但是你要是搞明白什么类型的生意可以做，那年入百万难度要低很多。几年前我有个同事去非洲办事处上班，去了之后，他很快就意识到当地老百姓尽管很穷，但是在某些方面也有很大的需求，比如他们也想玩手机，也想穿花花绿绿的衣服，也想骑自行车什么的。于是，我这个同事果断从公司辞职，从国内买二手东西卖到非洲，衣服、手机、淘汰下来的共享单车等，都被他卖到非洲去了。因为海运非常便宜，运输成本低。尽管这些东西单价便宜，但是总收益高。这个同事已经发达了，现在业务范围非常广，应该是我认识的人里最有钱的。

总结一句，做生意不靠优秀，在大企业挣年薪和自己做生意完全是不同的评价体系，讨论这俩哪个优秀，本来就是上班族的思维方式被框住了的表现。

CHAPTER 2

大神是怎样
炼成的

为什么一些成功人士
熬夜加班比普通人还凶

首先要说，这个话题多多少少有点片面，因为并不是所有成功人士都不享受人生天天加班，但确实有很多人尽管收入已经很高了，依旧天天忙得跟个陀螺似的。而且，这个话题似乎有点多余，毕竟大部分人没法随随便便成功，都是拼过来的，淘汰一批后，剩下的理所当然很能吃苦。不过我今天不想只聊一般原因，而想聊点别人说得不多的，希望大家看完能有点启发。

虚妄的安全感

先说说我经历的一件事。我早年的一个兄弟之前从某互联网大厂"被辞职"了。他跟我说，在"被辞职"之前，他一直以为自己很"安全"，项目按部就班地在做，该干啥干啥，突然有一天收到消息，说他们的产品线被裁掉了，他们这些人全被合并到另一条产品线上了，而问题就出在这个"合并"上。合并到另一条产品线的所有员工都要重新安排岗位，对于那些基层干编码的小伙伴来说，这个事本身不是问题，在哪儿干都是干，无非是换个地儿。最倒霉的就是我兄弟这种中层干部。

众所周知，大厂里啥都缺，唯独不缺领导，领导可能比公司的盆栽都多。所以，我兄弟他们那些领导到了另一条产品线就比较尴尬，既没法让他们继续当领导（毕竟人家又不缺领导），也没法安排他们去编码，毕竟这些做管理的已经多年不写代码，编码水平跟个大学生差不多，而且让他们熬夜修 bug（漏洞），他们心态也不太好。

不只是这个问题，他们管理层工资要比基层高得多，公司不可能让他们拿着这么高的工资去做编码的工作。这就让人为难了，后来公司经过严肃讨论，给了他们两条路：不降级，但要去海外帮公司开疆扩土，扩展业务，比较艰苦，要离家，要承受巨大的压力；接受降级，去做基层员工，收入大幅削减，虽然是从基层干起，但将来如有管理岗则优先提拔。

我这个兄弟一把年纪了，既不想去海外，又接受不了再回去写代码，气不过就辞职了。辞职之后正经慌了一段时间，后来去另一个朋友的创业公司带团队了，收入少了一些。前段时间跟他约饭，他说了两件事。第一件就是我以前给他举的那个例子，美国那边很多程序员故意不升级也不涨工资，对于我们趋之若鹜的"管理层"，他们死活不去，主要是因为一旦公司出了问题，第一批裁的就是工资高但产出不明的中间管理层。这些中间管理层由于没有技术防身，被公司赶出来后往往慌作一团。他以前没懂这个例子，现在突然明白了。

第二件事是他早年有个机会去创业公司，但是觉得创业公司不太安全，随时有可能倒掉，让人缺乏安全感，不如去大厂稳定。从事后的情况来看，大厂的岗位并不是稳定，而是他作为一颗螺丝钉，不知道自己的产品在市场上的状态，因为无知而充满安全感。

这也是我们今天要讲的事。大部分人可能会存在一个"虚幻的安全感"，觉得自己待在一个安全港里，公司不会倒闭，岗位不会裁撤，市场非常稳定，每天都差不多。

真实的情况肯定不是这样的，最起码一点，市场是不断波动的，公司在市场这个大海里就跟一艘航行在波涛汹涌的大海上的船一样。只有站在甲板上的船长能看到全景，并且知道明天可能是什么天气。他慌得要死，每天都觉得无比凶险，可是下边的人反倒是充满安全感的。从这个意义上讲，**站得越高，看得越全，越慌越痛苦**。因为不只要关心业务怎么样，还要关心到期的债务怎么办，投放的广告有没有效果，是不是有强有力的竞争公司出现，剩下的现金还能撑多久，以及政策变化等。这些事都要考虑到，基本没人能安心睡着。

而恐惧比其他所有动机都更能让人充满动力。很多老板外表看着非常光鲜，其实他们绝大部分都在踩着钢丝前行，一步出错，几十年的积累就都打了水漂，这种事这两年估计大家也看得多了。大部分老板的钱都是账面上的，张三欠我两个亿，我欠李四一个亿，于是我有一亿元资产。如果碰上百年一遇的大疫情，张三倒闭了，那我就从资产一亿元变成负债一亿元了。好多老板在2020年一夜成"负翁"，就是这个原因。那些"富二代"普遍过得非常爽，他们跟基层员工有点像，看不到全局，有种虚妄的安全感，而"富一代"们往往兢兢业业，加班加点。

所有生意都是一时的

这句话我听了很多年，一直不太明白，因为那些持续百年的企业有的是，为啥说生意都是一时的呢？但是看得多了，我慢慢就明白了。确实有些企业做了很多很多年，但其发展是一个动态的过程。诺基亚这家公司发展到现在已经持续一百五十多年了吧，它以前是造木浆的，后来开始造纸，随后其产业逐渐涉及橡胶、电缆、化工等，再后来搞通信，做手机，还有其他副业，副业跟主业之间变来变去。从这个意义上说，每家公司都是一艘"忒修斯之船"，开出港之后没几天，修修补补，就不再是以前那艘了。

腾讯、阿里这些互联网大厂也一样，一直都在变来变去。

前段时间跟一个在大厂做预研的小伙伴聊了下，他说大厂是没有"聚焦核心业务"的，因为不能确定核心业务能持续多久。大家都是不断地开拓新战线，在各个方向上突破，哪个有进展算哪个，每年浪费掉的钱不计其数，收购小公司，开发新产品，并且随时准备变换赛道，或者脚踏好几条赛道。如果天天关注自己这一亩三分地，迟早会被不知道从哪儿蹿出来的竞争对手打个措手不及。

这就很有点像"蜂群算法"了。蜜蜂们智商是负的，但是它们可以通过一些笨办法来实现一些高难度操作。比如找到远处的花，它们常用的一个方法就是四处出击，哪只蜜蜂找到资源算哪个，然后大家一拥而上。大厂也一样，同时上马一百个项目，哪个成了算哪个。反正要不断地探索调整，没啥是不变的。客户的口味是刁钻的，如果你不变，一旦出现竞品，客户可能瞬间就会抛弃你。正如大家目睹的诺基亚的遭遇一样。

几乎所有赚到钱的人都清楚一个道理，"赚钱的本质是信息差"，一旦你知道的东西别人也知道了，你就别想赚这个钱了。所以大家都是"一万年太久，只争朝夕"。

工作的心态不一样

成功人士和普通人同样都是工作，但心态却完全不一样，因为两者的工作性质不一样。说这个之前，咱们先说个别的事。

现在有个新兴的研究领域,好像叫什么"非物质成瘾性研究",专门研究什么机制可以让游戏保持热度,让玩家一直玩下去。这个研究领域在游戏产业界非常火热,现在已经非常成熟。游戏宅男们都知道,本来只想玩一局游戏来着,但不知不觉就玩了个通宵。我过年那段时间因为疫情在家上班,下载了两个游戏,《缺氧》和《这是我的战争》,差点玩暴毙。尤其《缺氧》,我在玩的时候甚至会拿个本子在那里算来算去,游戏都玩出了高考的体验。我同事的手下甚至因为熬夜玩《缺氧》进医院了。

为啥这些游戏这么厉害呢?道理也不复杂,游戏开发人员仔细研究了人类底层固件里的基本逻辑,做出来的东西专门直接刺激人体内那些成瘾按钮。比如,人类本身对短期刺激非常敏感,所以无论是游戏,还是电影,甚至是网文,都要"千字一个小高潮"。也就是说,网文每一千字就得设计个刺激桥段出来,纯粹的平铺直叙没人看。电影也是,三分钟一个小高潮。游戏基本也遵循这个逻辑,这就是为啥有"关卡""小Boss""大Boss"之类的元素。

懂了这个逻辑,大家就知道为什么看电影很爽,看网文很爽,打游戏很爽,而教科书却让人感觉非常无聊。

此类游戏还有"有限挑战""短期激励""及时反馈""随机奖励"等刺激元素。人对"反馈"有严重的依赖,做了一件事，如果迅速有反应，就会触发奖励机制，觉得非常过瘾。而且游戏得稍微有点挑战性，如果游戏挑战性不足，玩家很快就会感到乏味了；如果游戏太有挑战性，玩家又会因为挑战性太大而放弃。

现在回到主题，如果你当上了老板，手底下有了人，你就有了选择权和自主性，可以把不愿意做的乏味的事"外包"给别人，而专注做点有挑战性的事。你的工作性质就变了，工作变得像是打游戏，刺激而不乏味，尤其在赚钱多的时候，工作状态好得不得了。这也是为啥我之前说，创业是条单行道，一旦开始创业，基本就回不了头，因为那种紧张刺激、自己做决定自己收钱的欢乐成瘾性太强，创业者们基本上不可能再回格子间，听别人指令给别人做事了。

在我看来，有一定的家底依旧奋战不止的人，往往有一种"船长思维"，他处在风口上，能看到风险和机遇，从而去迎接挑战。人没有不喜欢挑战的，这是由人的基因决定的。

选择好难度，选择适当的挑战，不断提升自己，谁都能有个好结果。我经常说，成年人在知道社会的真相后，要早做准备，弄清楚哪些事是在为你的老板凑首付，哪些事是为你自己赚首付，**避免虚妄的安全感，在平时生活中融入变化，不要害怕，折腾起来**。

你其实
并不孤单，
要知道那些
特别厉害的人，
也一样艰苦，
一样会没灵感，
一样得慢慢耗。

人生的关键是主动去吃苦

我年轻时经常看到一句话，"兴趣是最好的老师"。这话对不对？确实是没啥错，但是真的有人能以自己的兴趣来谋生，靠着兴趣过一生吗？应该有，但是不会太多。这个世界有个令人非常惆怅的规律，不管什么事，一旦你把它当成工作，以此谋生，痛苦、失望、焦虑就会尾随而至，几乎毫无例外。

几年前我认识一个顶级网文作者，当初在巅峰时期，他每天都能更新五六千字，状态好的话，两三万字，存在草稿箱里，慢慢发。小说一写就是好几百万字，行云流水，酣畅淋漓。他在作品里云淡风轻地说自己做这个主要是热爱，内容也是从虚空里来，根本不知道怎么就有这么多奇怪的想法。不过不知道为啥，他的那几个热度极高的小说很快就没下文了，也就是写到后来戛然而止，不写了。到现在很多读者还在追着骂他，如果可能的话，让他还是把之前的小说给写完。作为众多追更者之一，我也一直希望他能把小说结局给补上。

　　机缘巧合与那个网文作者结识后，我就问他为啥不把那些小说都写完。他说真实的写作过程太痛苦了，刚开始写文时，雄心勃勃要搞个世纪工程，但是越往后写越糟，书房里贴满了标签，记录着之前设计的各种线索和埋的伏笔，成天一摞一摞地看书找灵感。而且越往后写，他越感觉自己像个小丑，一开始玩着三个球，越玩球越多，到最后就发现自己接不住了。写完的那几本小说，也是在大面积杀掉小说中的人物来闭环各种线索后，才勉强收尾。虽然读者可能觉得还凑合，但是他自己知道基本是违心之作。另外，在刚开始写文的时候，他精神状态往往很好，写起来虎虎生威，但越到后来写得越艰难，写作后期每天起床跟上坟似的，有几次不仅脱发严重，甚至还进了医院。

　　我一直以为他写得很容易，完全没想到这么痛苦，不由得感慨人生艰难。其实张艺谋说过类似的话，他说一部电影，拍到三分之一时就知道是不是垃圾，但是因为有投资方管着，即便知道最后拍出来是垃圾，那也得拍下去。

　　网文作者倒是没这个问题，反正没人给投资，大不了这个IP不卖了。如果发现自己写不下去了，网文要变成垃圾了，就果断自宫。这样作品尽管成了断臂维纳斯，但那也比维纳斯长着两条章鱼臂强。

　　这个网文作者现在已经卖掉了好几个IP，江湖上说他其中几个 IP 卖得太便宜。他跟我说其实不是，那些作品到后来写成了那样，他想起来就心烦，于是别人出个价他就卖掉了，完全没有货比三家好好讨价还价，有种巴不得把自己的傻儿子送去读大学的感觉。当然了，尽管有几本网文没有写完，这个网文作者的成绩还是非常非常好的，甚至在东南亚都有他的大量网文读者，也算是为文化输出做出了一些贡献。

我请教了下他这些年写网文的一些心得，正好他这段时间也在思考这个问题，于是和我分享了下，我发现跟我想的差不多。

1. 再喜欢的事，一旦当成职业来做，立刻就变得艰难；

2. 唯一可以对抗这种痛苦的，就是天天例行、主动地去坚持。

他跟上班似的，每天对自己是有要求的，必须写必须发，风雨无阻，有时候有灵感写得快，大部分时候完全是硬着头皮写，痛苦不堪。

我这些年也有这个感触，很多时候，你想把事情准备得差不多了再下手，往往结局不太好，经常是一直准备不好，一直下不了手，最后无处下手导致想做的事不了了之。不知道大家注意到没，焦虑很多时候就是因为想太多。而且，有些事情，就算开始了，做一段时间还好，如果长时间做，做好多年，做几十年，这个过程毫无乐趣可言，既无聊又让人绝望，对人既是一种考验，又是一种摧残。

关注我的公众号比较久的小伙伴也知道，我这个公众号从两年半之前开始更新，每周两篇，几乎风雨无阻，一直到现在，尽管水平一直也就那样，中间有好几次想弃号，事实上也弃了好几次，不过最后还是坚持下来了。

这个公众号也见证了事物发展的几个规律：

1.起步极其艰难，第一年我充满激情地写，关注人数只涨了四万，后来关注人数才越涨越快；

2.后来几篇文章成了爆款，公众号整体突飞猛进了一把；

3.大多数时候就是日常的更新，漫长而无聊，每天的关注者来个两三千，又走个几百。

我在大公司工作的经历也跟这个差不多，每天都是那些事，无聊而琐碎的日常，经过几次意外的小跳跃，慢慢爬上来了。了解我的小伙伴都知道，2015年我还在写代码，后来当上了产品经理，再后来去做了项目经理，再后来管着项目群，这跟我做公众号的历程基本差不多。

我了解了下其他人的情况，也都差不多，生活都是一样琐碎和乏味，每隔一段时间来一次小爆发。

这也是为啥我非常鄙视这几年的一些电视剧，比如那个三观巨歪的《三十而已》，里边几乎每个人都"不走寻常路"，都想一步登天，把生活搞得跟玩闹似的。当然了，不只这个剧，很多电影、电视剧都是这个套路，毕竟这个套路最容易迎合广大观众不劳而获和走捷径一步登天的冲动。医疗剧就是帅哥、美女在医院搞对象，完全不知道医学相关的书有多厚，医生们需要经历十几年的漫长学习训练，部分医生还业余练散打。律师剧就是各种制服男女搞对象，其实大部分律师也是一箱一箱地看材料，需要通过那个超麻烦的司法考试，是个伤头发又伤肾的职业。商人就不用说了，说好听点是解决问题，说难听点就是到处求人调资源。至于码农们，想必大家也都知道，从上大学就开始掉头发，一直掉到被公司赶出来。很多人觉得码农大部分工作是噼里啪啦写代码，其实不是，大部分时候都在写文档，回邮件，看代码，解决 bug，实际写代码没多长时间，一个项目周期里编码时长连四分之一都不到，很多技术骨干几年不写一行代码也正常。

我倒不是鼓励大家都去"996"，而是想说一件事，生活就是枯燥和乏味的，甚至大家一看就哈哈直笑的那些脱口秀节目，其演员在台下也跟码农差不多，熬夜改稿，一遍又一遍地反复演练。对于那些大家听了哈哈直乐的段子，他们自己是笑不出来的。我还知道几个做这一行的后来抑郁了，被迫改行。

我写公众号文章分享我的各种经验，看着是分享，其实也是一种总结。经常是文章写完了，回顾了之前发生的那些事，我也就不那么纠结了。天资聪颖或者自带光环的人有很多，不过大部分人都跟我一样，要慢慢耗。好在知道了那些特别厉害的人也一样艰苦，一样会没灵感，一样得慢慢耗，多少能让人觉得并不孤独。

百万成神

为何百万能成神

"百万成神"是网文圈的一句话，流传很多年了，说的是你如果想做一个网文大神，那你得先写一百万字，写完了，基本上问题不大了。我上次看到这句话，应该是在 2007 年，那时候我对这话不以为然，十几年过去了，当初天天更新网文的那几个人，如今已经成了大神。剩下没成大神的，基本上都退出了江湖。

当然了，"成名"这个操作本身是个系统性工程，能不能成名往往是一系列机缘巧合的结果，并不是说你是个高手就能成名，也不是说成名了就是高手。不过丝毫不用怀疑的是，所有完成"百万"这个小目标的人，都明显经历了脱胎换骨的变化。有些事我其实依旧说不清楚，不过"数量"确实是绝大部分技能的关键指标，比如一般吃鸡游戏里，玩到三百多个小时就会发现自己有明显变化，基本能做到指哪儿打哪儿，并且之前看着巨难无比的一些操作也能在电光石火之间完成。

如果一个人写代码写到十万行左右，也会出现下笔如有神的感觉，很多时候自己都不知道自己怎么会想出这么复杂的套路和算法来。

之前有个网文作者，他写的文章是穿越回明朝，穿越回明朝之后的历史现在倒是很清晰，毕竟不想看《明史》，还可以看《明朝那些事儿》，但是有些问题就比较复杂了，比如那些钩心斗角的描写、利益格局的分配，甚至包括怎么种地什么的，我问过那个作者，他是怎么想到的。

他说他也不知道，反正每天都写，一边写一边查资料，越写越顺，到后来已经完全随心所欲，可以把自己获得的任何小知识、小技巧都写到文章里去。

他说了一件事，说是其实每个人都或多或少有积累，脑子里也都有些绚丽的东西，但是绝大部分人功底太弱，倒不出来。那怎么训练这种"倒出来"的能力呢？没啥办法，只能是天天写，一直写，写不出来要硬写。我理解这也是为啥各个平台要设置"每天更新字数"，比如起点中文网，你要是去那里写文，每天要求你更新3000字，这个数说起来可能感受不深，大家试一下就知道了，99%的人挺不过第一周。

我理解这是个双重门槛，一方面可以把意志不坚定的人赶出去，毕竟天天更新3000字对谁来说都是很难的一件事。我问过不少厉害的网文作者，对于他们来说这也很难，尤其是开始的那几年。另一方面可以逼着作者们不断突破自我。**成为高手需要在没有感觉的情况下蹚过漫长的无聊和低成就感时期，蹚不过就一直是二流水平。**

性格并不决定命运

"性格决定命运"这种说法本身是一种自我设限。性格、财富、知识、见识、社会关系，这几个变量都是互相影响、互为因果的。说个比较明显的，财富上升会让人的性格变得明显开朗阳光，社会关系也会变得和谐很多。我之前见过一个自卑又自闭的人，本来是个技术宅男，后来从技术转到市场，并且不知道怎么就发达了，然后变得热情开朗起来。这种热情开朗又给他带来了新的财源和关系，让他变得更加开朗。

人表现出来的各种情绪往往是一种"舒适区表现"，比如有人在陌生人面前容易慌乱，如同有社交恐惧症，但是在熟人面前却大大咧咧，他并不是有双重人格，而是担心陌生人不接纳自己。你越是担心别人不接纳你，就越不会对别人展示自己，别人对你也就越无感，越缺乏反馈，由于你缺少别人的反馈，所以就一直处于社恐状态中。

当然了，我并不是建议大家去主动治疗"社恐"，我自己尽管当了近十年的临时讲师，但依旧没彻底治好"社恐"。我想说的是，性格本身不是百分之百不可以变的，往往是一种个人经历形成的结果,如果换个工作或者行业,时间长了,性格说不定就变了。

肌肉记忆才是真记忆

一本书看完了,到底记住了多少?其实很好检验,把看完的复述一遍,能复述出多少,就是记住多少。再过几天,内容大部分都忘光了,但是其中一小部分会伴随你一辈子,这部分你在今后的日子里几乎能做到信手拈来,信手拈来的记忆就是肌肉记忆。同理,学了一门语言,有几句话一辈子都可以随时随地地回想起来。编程也一样,有些算法用得多,可以毫不费力地搞出来,稍微不常用的东西就得不断地试错,反复调试。

高手和菜鸟的差别就在于高手的肌肉记忆库里工具多得多,可以基本不出错地快速把工具箱里的东西拿出来一顿操作。所有的工作岗位都是这样,一般都有个"工具箱",高手做的就是多练习,把这个工具箱里的内容沉淀成肌肉记忆,占领先机后去抢下一个山头。

把这个问题延伸到"心智"层面,感觉其实更明显。为啥有人能挺过各种困难,能承受各种艰难?其实就是因为经常面对这类麻烦,处理这类问题所需要的心态和技能变成了肌肉记忆,不需要刻意唤醒就能自然面对。

别参加失败者的派对

这句话原本出自美剧《纸牌屋》，我其实一直也没明白啥意思。直到前段时间有粉丝问我，说他很迷茫，因为他这些年一直关注了几个厉害的博主，那些博主都很愤青，天天抨击各种社会问题，时间久了，他也这么认为，干啥都提不起精神，觉得一切都没意义。这不快三十岁了，依旧一事无成。我突然就明白了那句话，包括我自己在内，年轻时都有这种冲动，希望这个世界能倒霉，大家一起倒霉，所以很容易关注那种博主，加入那种社区。问题是加入那种组织非常不利于身心健康，每天盯着社会的黑暗面，最后社会还是那样，可是自己却废了。

不管咋样，不要跟 loser（失败者）们一起混，有些博主自己不是 loser，不过要赚特定人群的钱，评论区下边总是聚集了一大堆 loser，大家要学会绕开他们。人的心态是很脆弱敏感的，你本来可能对一件事充满兴趣和激情，但别人说一两句丧气话，你可能就受影响了，那种体验直逼妹子们高价买了包包之后，商家就打折促销还不补差价。

好像人类生来就悲观，对坏消息有种独特的偏好，这也是为啥大家能发现，那些席卷全网的负面案例都是"悲观预期"。我不是说不该去关心这类事情，而是说要稳定住情绪，不要被这类东西带偏了。人的所有行为本质都是在执行心智下的命令，人是没法在悲观预期下全神贯注、火力全开的，而问题是，有些事情你全神贯注都不一定能做好，如果三心二意，那就更完蛋了。

整体而言，想做好一件复杂的事，积极的情绪、良好的身体状态、深厚的知识储备缺一不可，我们生活的日常就是不断打磨这几样，别让别人影响了。

锚定 15% 法则

年初时不知道在哪儿看到一个说法：当你准备学点啥，如果学的东西全是新东西，大脑很容易过载，导致沮丧和失落，然后就要放弃。但是，如果学的全是你已经了解的东西，你又会感觉比较乏味。最好的状况是所学中含有 15% 的新东西，这样既可以维持挑战性，避免乏味，又可以防止沮丧和失落。大家可以把这事记下来，有了娃之后，给娃教东西时，可以想想怎么挖掘这个 "15% 法则"。

大家都有感觉，在一个领域知道得越多，学习得也就越快，因为前期啥也不懂嘛，学的东西都是新的，难免沮丧。后期存量很大了，新的东西就接近 15% 法则了，学起来又快又准。所以教育有两部分，前期的填鸭式教育，等到底子好了，就到了 15% 的快乐教育阶段，别人学得轻松，你学得苦，那是因为你俩不在一个学习阶段。

其实学霸们都是这样，他们能快速跨过前期的焦虑期，迅速进入后期的"15%学习阶段"，越学越快。我这些年招聘到好几个高手，我发现他们学习新技能的过程并不快，但是能一直在那里琢磨，每天集中注意力保证投入时间，很快就进入"15%学习阶段"了。而一些表现比较差的，看着也在学，但是每天实际投入时间太短，一直跨越不了筑基阶段，也就迟迟不能进入"15%学习阶段"。

成为高手

需要在没有感觉的
情况下蹚过漫长的
无聊和低成就感时期，

蹚不过

就一直是
二流水平。

达到年薪百万需要掌握什么技能

我在某大厂干了十年（现在还在），在工作第六年的时候，工资、股票、项目奖、出差补助、周末和节假日加班双倍工资等加起来，年收入差不多过了百万。这个数听着还不错，其实也没多少，生活并不会比年薪三十万那会儿改善太多，三十万是个分界线，过了三十万之后生活改善的体验就不再明显了。年收入过了三十万元后就会有些奇怪的想法，比如赚够多少钱就退休，而且要赶在干不动之前多赚点，反正就是要攒钱。一旦有了这种想法，一年赚多少钱都不会有太明显的心态变化。

关于如何实现年薪百万，我说这么几件事，大家好好感受下。

1. 单凭技术，年薪很难突破百万。 当然，也有人凭技术突破的，不过比较少，而且付出和收获不成比例，单凭技术拿百万年薪，累死你，不是开玩笑，真的是要命的工作量。

2. 想要那么高收入，主要是得去当领导。 当上领导之后不是说产能增加了，也不是说你一个顶三个，而是你可以把别人的一部分劳动成果算成你的。不过，想当领导，你就需要得到领导的提拔，所以最重要的事就是，管理好你跟领导的关系。

你和领导的关系，一般会经历三个阶段——

阶段一：领导让你做的事越来越多。领导也有一堆烦心事，如果他交给你的事，你都能办妥，那对他的工作和生活将是莫大的支持。今后若遇到提拔的机会，领导或许就会优先考虑你，因为他还指望你去帮他更多的忙，不给你权怎么帮他忙嘛。

阶段二：领导偶尔叫上你吃个饭，唠个嗑。需要注意的是，领导私下找你吃饭，跟你单聊，说了一些掏心窝的话，你可千万不要传出去，一定要管住自己的嘴，领导的事一句都不要乱说。相信我，消息传得很快，你说的关于领导的任何一句话他都会知道。

阶段三：领导有难题找你一起想办法，比如他的领导给他安排了个工作，他不知道怎么着手去做，想让你一起出出主意。在这个阶段，你基本就是领导的自己人了，如果你经常能给出好的思路，那他将来高升后基本会带上你。对于领导来说，最重要的是值得信任且能帮自己搞定事的人，毕竟他自己又不会实际去干活。

经常去领导那里露脸、接活，慢慢建立关系，取得领导的信任。很多人从来没想过领导到底在想啥，其实领导就是想找能给自己办事的可靠人，想拉拢个小圈子，有啥事内部解决。领导力是种天赋，有些人天生就是领导，升得很快。你跟对他，他走哪儿都带着你，他一直升，你就跟着升。有些人位置高，但能力平平，很大可能就是跟着领导升上来的。

3. 领导交给你的任何事，你都要竭力搞定。 最好是保质保量快速搞定领导交给你的任务，速战速决，不要拖延，同时要主动汇报工作进度，不要等他问进展。如果事情一时半会儿搞不定，务必天天发日报，把自己打造成一个"杀手型"的员工。在工作中，领导一般不会给你三次机会，你最多只能出错两次。每件事办得都让领导放心，这样他有啥事就都愿意找你。尤其有时候他给你安排的事，看着很低级，其实也是他的领导给他安排的，如果你给搞砸了，让他被领导骂，那你需要折腾很久才能挽回你在领导心中的印象。

4. 善于汇报工作。 这个好好研究一下，多向同事学习，同样一件事，你汇报的话，可能就是说说你完善了啥功能，而你同事汇报的话，可能就会说攻克了什么难题，解决了客户什么需求，服务了多少用户，节省了多少钱，等等。听着就很厉害，是不是？你得站在别人的角度看待你的工作，很多时候大家不知道你到底干的是啥，全靠你一张嘴。当然了，汇报工作的技巧得慢慢琢磨，不能硬来，给领导留下夸夸其谈不靠谱的印象就不好了。这事存乎于心，得慢慢领悟学习，嘴笨没事，最怕的就是不仅嘴笨，还鄙视那些能说的人。

5. 保持谦虚，该亲和时亲和，该严格时严格。 当上小领导后不要高傲，要多请下边的人吃饭，一对一那种，掏心窝地说点话，有点诚意。留意谁干活认真又负责，重要的事让他办。当两年领导后，你在技术上可能就慢慢退步了，这时候也不要硬去钻研技术，多去跟你的领导聊，多给项目组要点好处。不能比下边的人轻松，平时上班来得比大家早，下班不要提前跑，有啥急事需要加班也在一旁陪着。要有一颗包容的心，不要鄙视周围的人，多容忍项目组里能力差的人，有的人技术不行但是有搞笑才艺，可以留下来调节项目组气氛。但是在工作交付时一定要严格检查，不要被下属糊弄，一旦下边的人觉得你好糊弄，迟早要出事。

6. 关于技术。 我这几年倒是觉得，如果你喜欢，做一辈子技术也没啥问题，不过绝大部分人到了三十多岁心态就崩了。注意，我说的是心态。在大厂里，每四五个人里就有一个适合做技术的，正常大学生里可能每五六十人里有一个。啥是适合做技术的呢？就是不怕麻烦，心无旁骛，做起来就跟玩似的，周末都不想回家，就想坐在公司里看代码。这种人适合做技术，其他人凑合着做，比如我就是凑合着做，做了几年，整体还不错，也没犯错误，但是确实一直缺乏一股冲劲。

大家可能觉得哪有"搞技术跟玩似的"这种人，其实多的是，大厂技术骨干基本都是这样的。人都有自己的优势技能，总有那么个技能让你做起来跟玩似的。玩出来的东西比别人绞尽脑汁做出来的都强，有些人搞技术就是在玩，非常欢乐，这种人最适合做技术，而且基本上不可能被甩开。绝大部分人做那么些年技术，后来被新员工超越了，心态就崩了。

不少年轻人人生经历少，还不了解最影响人做技术的事根本不是技术本身。说一个当初让我非常痛苦的事。我十年前刚入职，只上了两个月班，公司竟然就发了奖金，给我发了七千块，我非常高兴，后来我一打听，跟我关系最好的哥们儿，我俩一起入职，在一个项目组，他拿了三万块，那件事让我生活阴暗了好几周，那种郁闷现在想起来都难受。不过三年后，领导大笔一挥，给了我十万元的股票，但是只给了我哥们儿一万元的股票。过后没几天他就辞职了，临走还跟我说，其他人他都能忍，就是不能忍自己的哥们儿比自己多这么多。他知道这么想不对，但就是忍不了。这种事后来发生了好几次，有时候是我被打击，有时候是我打击别人，我皮糙肉厚，基本都忍了，但不少人忍不了，就走了。

很多人每两年换一次工作，一方面跳槽涨工资，另一方面总觉得自己不该是这个待遇。工作换多了，工资看着是上去了，但是其他一些资源可就没了，短期内工资比较重要，长期得依赖关系，各级领导看你都不眼熟，名单里看到你都没感觉，机会就直接跳到下一个人那里去了。

如果想在组织里迅速上升，一般要具备以下条件：

你的专业能力超强，具有对周围的人形成碾压式的优势。大厂里确实有这类高手，这种人如果愿意去做领导，还是很容易的，但很多人不愿意做，嫌麻烦。

你跟对了人，他提升快，走哪儿都带着你。这个靠运气，有些人其实很会钻营，但是运气不好，碰到的领导自己上不去或者离职了。

业务迅速扩张，几个人的小部门迅速壮大成了一个事业部，早期员工都成了独当一面的领导。

此外，还有个慢慢上升的办法：项目组里的骨干觉得待遇不公跑掉了，轮到你了。其实很多人升职都是这个原因，并不是因为他有多强，而是大家都走了，最了解业务的就是他了。不少人纳闷能不能做一辈子技术，其实在技术之路上，最艰难的不是技术本身，而是"待遇不公"，这种事经常会发生在你身上，你能忍不？那个比你技术差得多的人混得比你好，你能接受不？

所以说，收入这事往往不是跟全社会比，而是跟你周围的人比，这个最伤人，有可能你收入已经非常高了，但是你同学或者跟你条件差不多的人收入更高，你可能就会感到非常抑郁。

7. 身体素质。 这个问题其实最关键，不知道之前为啥没想起来。我想了下我之前跟过的几个领导，基本就是全年无休，这里的全年无休不是说他们赚钱多，所以全年无休，而是赚钱少的时候就这样，所以才能趁着年轻被提拔起来。

我刚入职那会儿，我们那边有个高手，他就跟不睡觉似的，每天凌晨一点多才回去，早上又最早来公司，非常瘦。他在高升后跟我们一起吃饭，有人问他是怎么坚持的，他说他根本感觉不到疲劳。人和人的身体素质其实属于"硬差别"，有些人真的是身体素质非常好，所以也希望大家平时要加强锻炼。

人这一生吧，看着很长，其实能打冲锋的日子就那么几年，而且人的努力是逐步贬值的，越往后越不值钱。大家想想，是不是中学时候的努力对现在影响最大？刚毕业那几年对后来影响又最大？早先那几年往往没啥钱，如果你秉承不给钱不加班的原则，也不能说你做得不对，可能你的志向就是享受生活吧，反正如果你没有过人的天赋还不使劲，想向上突破就得开外挂了。

8. 程序员干不下去了该去哪儿。 这个问题我也想了很多年，等我干不动了，怎么办？

十年间周围的人换了好几茬，这两年经常遇到这种问题。一部分人就跟我一样，进入各个公司的管理层，然后天天担心被开掉。一部分继续待在技术岗，这种相对比较少，原因我在上文已经说了，不是工资的问题，是心态的问题。还有不少人离开大厂后，就不想继续在大厂干了，嫌累，而且觉得这种生活没法持续，不如早做打算，于是不少人买房后去了央企、国企。工资肯定没法跟大厂比，但是工作量一下子暴跌了，整个人就轻松了，养好身体后还可以搞点副业。

我听我师父说，人到了三四十岁，可能会因一场病，人生观在一定程度上会发生改变。比如，有些人觉得既然自己随时会死掉，不如今后少赚钱多跟家人在一起；少数人觉得既然迟早会死，得在死前多赚点钱；还有不少人在得病后遵医嘱，不熬夜、不过劳，转去二线城市找个轻松的地方待着了。

我的一个小伙伴以前特别拼，技术非常强，他非常胖，一身小问题。有一天突然就辞职去央企了，收入跌了70%。他说他唯一后悔的事就是在大厂待了那么多年，应该早几年离开，这样就不用连续熬夜，熬垮身体。大家平时喜欢盯着那些大厂，其实还有无数的小厂也需要程序员，虽然工资低了点，但好在不用你那么拼命，你平时可以多跟家人一起待着。

很多东西，你现在看着可能觉得匪夷所思，但是五年、十年后发现自己竟然也走到了那一步。婚姻、孩子、自己的身体情况、老人的身体情况，这些事都会改变人的观念，慢慢地各种因素的权重就都变了。

竭力搞定

领导交代的事情，
善于汇报工作。

保持谦虚，

该亲和时亲和，
该严格时严格。

努力提高
身体素质。

CHAPTER 3

起点不高
该如何向上攀爬

小镇做题家的困局，
为啥有才华的人却爬不上去

　　"小镇做题家"这个词火了，一般说的是那些出身小城，擅长应试，进而通过高考跻身知名大学的人。可是在此之后，不少人却发现人生的走向越来越不在自己的掌控之中，对生活越来越失望，于是聚集在豆瓣小组里互相慰藉。这个词后来也用来描述那些当初高考分数很高，却越混越矬的人。

　　用"高分低能"来直接解释"小镇做题家"实在是太简单了。就我个人所见，能力是流动的，太多人三十多岁也一文不名，然后突然间就变厉害了；也有人毕业前几年甩同学好几条街，越往后混得越差。我这些年目睹了太多身居高位的庸才，能力和水平都非常差，既不高分，也不高能，但依旧混得很好。还有不少人性格内向，按理说是"性格弱点"了，可是在现实世界里这类人当中的牛人也挺多的，且不说科技行业里内向型的人才天生有优势，我还见过几个顶级销售和私募基金经理也是内向型的。所以不能一概而论，咱们应该聊聊对人的境况影响最大的因素到底是什么。

我们回顾历史的时候也明显有这种感觉，资源禀赋、交通情况、粮食产能等，这些因素直接决定社会后续该怎么发展。

拿城市发展来说，港口城市，比如上海，沉寂千年后赶上了国际贸易兴起，就直接上位了；香港处在广州港的外延，天生差不到哪里去；处在红海和地中海中间的苏伊士，没修运河那会儿就已经很繁忙了。哪怕很多城市处在沙漠里，但如果它正好位于交通要道上，照样能发展得很不错，甩其他城市一大圈。

人也是一样的，家庭出身影响后续发展这事就不多说了，但事实上，**每个人一生中有好几次重新选择点位的机会。差不多背景的人，处在不同的位置，就是会有完全不同的结果。**咱们这里说的不是那种生下来是富二代、前途一片光明的人，而是说对个人而言，处在小城市和大城市的结果可能完全不一样，在相同的城市里，去私企和去当公务员结果也是完全不一样的，位置对人的影响超过我们的想象。"位置"不仅影响人的前途，而且影响人的想法和观念，甚至生活态度也跟着"位置"变。我们经常说的"富人思维""穷人思维"，就是因为处在不同的位置而出现不同的思维。

如果把人分成以下四种——

S：顶级高手；A：正常高手；B：普通人；C：脑子不正常的人。

S 级只要环境相对公平，就会成为牛人，这类人基本上干啥都能做得比普通人好。但是绝大部分人属于 A 或者 B，而 A 和 B 是可以互相转换的。因为这两种人的差距并不大，一个普通人，被安排到一个高挑战、高压力的环境中，不断被指派舒适区以外的工作，持续几个月变化肯定不明显，但持续几年，且能顶住的话，那这个人就会强悍到让人难以想象。还有些人才智平庸，但考上了 985，也是因为他在高中阶段找对了办法，拼了一把，潜力爆发，由 B 变成了 A。

相反，如果一个人本来天资聪慧，名校毕业，前途无量，可毕业后被安排去天天填表格打扫卫生，如果他自己不想着改变，那么几年下来他也只能是个"填表达人"。再举个例子，如果一个人大学英语八级，毕业后再也没用上英语，不要怀疑，十几年后他的英语水平肯定和高中生的差不多。而一个连普通话都说不利索的人，跑到国外十来年，如果他不是躲在唐人街不出来，那么他的英语水平肯定完爆当初的英语八级高手。所以，相比大学，环境对人的塑造更持久，更有决定性。

环境会改变人的思维，而思维会进一步改变个人境遇，从而进一步改变人的思维。我有个前同事，名校毕业后回到老家，进入当地的知名通信企业工作。当时这个选择还是很让人羡慕的，毕竟从此有编制了。不过此后的几年，他就跟陷入一场噩梦似的，公司利润在下降，部门里的人为了一丁点利益抢得死去活来，一个小部门的五个人还分成三派，三年间工资不但没涨，反倒降了，最后他忍无可忍，在三十岁时终于决定北漂。用他自己的话说，反正生活不可能更糟糕了，为啥不冒一步险呢？

相比较而言，超一线城市的天花板直逼天际，大家根本没空窝里斗，每个人都活在极度焦虑中，就像每年都要高考一样不断往外榨出自己的潜力。但是这些地方又是一个接一个的圈，"环境"对人的影响更明显，你自己单打独斗到最后也有个上限，所以你需要依赖别人提拔你，对你赋能，你也需要搭别人的快车。事实上，我们一般说的"环境"，就是周围各种人对你的影响。

在一个招聘平台上，我看到不少人在抱怨自己的领导没有头脑，不知道是怎么混到百万年薪的。这种情况不排除这个员工没见识到自己领导的真正能力，不过也有可能他的领导确实没有才能，只是入职早，或是正好碰上公司爆发式的发展期，项目组变成部门，部门升级成产品线，当初那个项目组的人全成了产品线骨干，所以他也就趁势上位了。这种情况上位的领导往往地位无比坚定，就算他们能力平平，只要不犯错，当初的老领导都会护着他们，因为那些老领导也需要多年追随自己的支持者。

大家一定要有个常识，越在下层越是自由竞争，讲的是规则，越往上走，越是熟人社会。甚至打个游戏，顶级段位的那些人互相也都认识，因为段位越高人越少，越容易变成熟人社会。**马太效应也是这样发挥效果的，你能力越强，帮你的人能力也越强，到最后你的整体实力就是指数倍地强。** 但如果你不幸加入了一个不断收缩下沉的部门，或者下沉的圈子，整体而言，你最好的结局也不会很好。

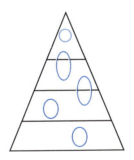

其实我们每个人都在不同的圈层中，高考可以帮你破第一层，但是接下来的层却需要通过"圈"来破。上图就是典型的"圈层结构"，每个人既在圈里，又在层里，有的圈是跨层的，有的圈上限却很低。个人奋斗往往在这些圈层里才有意义，或者说这些圈层能放大你的努力。

很多小镇做题家其实就是通过高考破了第一层，接下来该怎么办就蒙了，没进入"破层圈"，上限也就定了。如果不调整，一辈子也就看到了头。更重要的是，太多人明知道自己的舒适区上升空间不大，想破局首先得思考如何破圈，但是因为舒适区的问题，一直不敢去做。我自己作为一个资深"做题家"，最懂那种感觉，最想通过"做题"这种熟悉的操作解决所有问题。但是，如果不懂"破局先破圈"，那最后也是耗子踩滚轮——白费力。

《绝命毒师》最后一季设置了一个剧情，老白按理说可以赚 500 万美元光荣退休，从此安享晚年。但是他不甘心，因为他年轻时退出了一个科技公司，那个公司如今市值几十亿美元，那个公司的存在就是对他的无限伤害，所以他想把制毒贩毒事业做大做强，最后的结果就是制毒遭反噬，家破人亡。所以说小镇做题家的痛苦，其实主要是他们曾经也是充满狼性的人，只是后来因缘际会，进入了一个静态通道，向上爬不动，陷入了无助和痛苦。

说到这里，大家也明白了，高考这个游戏跟参加工作后的游戏，玩法不太一样。高考更加单元化一些，你只要凑齐那么几个装备，就可以打倒一个大 Boss，拿到奖品。参加工作后，游戏规则变得越来越古怪，甚至并没有明确的关卡和 Boss，你不可能像高中一样，通过学习这一个动作就取得最后的胜利。你需要进入相对上升的行业；拥有赏识你的领导，且领导自己挺有能力，这样他升上去后才能把你也带上去；拥有不错的运气，而且你的能力还得很强，有足够的积累。你把这些凑齐了，才能每隔一段时间闯一次关。如果凑不齐，甚至连闯关的机会都没有。不少人的痛苦就在这里，毕业后闯关的标准似乎变得飘忽不定，几年过去了，当初远远不如自己的人已经发展得风生水起，而自己还在原地。

说了这么多，大家应该感觉到了，那些能往上爬的人基本上有这么几个特点：

1. 有意或无意加入了一个厉害的圈，然后通过这个圈进入下一个圈；

2. 所在行业在暴涨，且行业里的一部分人跟着升上去了；

3. 运气特别好。

此外还有一种可能，就是有特殊的天赋。这里说的特殊天赋，不特指物理和数学成绩好，而是比较多元化，包括当主播、讲段子。事实上，我这些年有种感受，你通过上班获得提升，或者通过创业实现提升，发展得会非常缓慢，慢慢才能成为富人或者牛人，而那些具有表演特长的人可能在一两年内就超过了身边大多数的人。

当然了，这不是时代的悲哀，而是成熟社会的特点，成熟社会里娱乐性质的职业爆发会非常快，只是想发达的人多，真能发达的人少。现在很多年轻人的梦想不是当科学家，而是当明星，因为这是爆发最快的。

也有一些人，虽然天赋一般，但是对某件事充满了独特的

热爱，如果有机会，这种人也能向上突破一次。 热不热爱一件事非常容易判断，就看你能不能在不赚钱的情况下也可以全身心投入这件事，如果可以，那就是热爱。如果你喜欢的这件事正好能在市场上找到买家，你也很容易飞黄腾达。比如，你热爱下象棋，这类热爱找不到观众和买家，你就很难致富，因为用户群太小。但是，如果你打游戏别人爱看，那你或许可以成为月入百万的游戏主播。

从这个意义上讲，大部分时候并没有"高分低能"这回事，只是有人前期不错，后来不小心进入不适合自己的赛道或下行赛道，导致自己"停滞不前"。也可能赛道没问题，但恰好碰上了差劲的领导，他提升不了，你也没办法提升，只能一起"停滞不前"。

其实，每个人都是自己一步步走入了自己编织的困局的，想要走出来就需要自己想办法。面对不利处境，我们一反思就能明白，当初其实有过机会，只是当时被恐惧控制，选择了在舒适区待着，后来可选择的路越来越少。想清楚这些虽然不会让我们的现状立刻好起来，不过可以让我们避免今后的路越走越窄。

小镇做题家们脑子基本是没有差的，但是普遍偏保守，渴望稳定，喜欢确定性，这种想法本身没有错，只是如果你的目的是稳定和确定性，那你就要接受稳定而平庸的结果。

寒窗苦读和财富之间有啥关系

最近网上有个很火的问题：**人家几代人的努力，凭什么输给你的十年寒窗苦读？** 这个问题我也想了很多年，有一些体悟，正好跟大家聊聊。

财富的第一因

小钱靠勤，大钱靠运。几年前听过一个大厂领导的内部分享讲座，他很感慨，说是如果现在让他应聘这家公司，他连简历筛选都过不了，现在看着手底下一群名校生给他干活，总是很感慨。而且以他的能力和见识，如果不是当年进的公司，现在就算加入了，大概率也是个普通白领。但是他加入公司早，跟着老板工作，从最开始背着投影仪去村里卖设备，到后来参加几个国际超大项目，这样一路走过来了。

他又讲了，当初为啥要来这么个只有几个人的小公司呢？主要是没地方去，他的第一选择是去政府机构当公务员，第二选择是去国企当职工。最后实在是没办法，加入了一家小公司，在他们那个年代，加入一家私企，就处于鄙视链最低端了。后来公司几次濒临倒闭，他本来想离职，但是又没地方去，当时和现在不一样，没法到处跳槽，他只好一直留在公司，结果现在干到了公司高层。

其他有些人的经历也差不多，走过来的路线充满了随机性。有个大老板，他们两口子下岗后去菜市场上班，偶尔听说卖菜的同时还可以卖二手收音机，于是跟别人一起从日本倒腾了一些二手收音机放在菜摊上一起卖，认识中间人之后又开始倒腾电视，倒腾电视发了财之后，又开始倒腾汽车，就这么做大了。

回到现在，后台总有人问我，说毕业了，可以去大公司，但他看上了一家小公司，觉得这家公司的创始人非常厉害，公司做的事业比较新，是不是可以赌一下运气。这个问题我还真回答不了。我自己当初就是选择了大公司的稳定性，放弃了小公司的随机性，后来当初让我去上班的那家小公司已经上市了，当初那几个人现在都已经成了公司的元老，我也就错过了发达的机会。

不过，如果让我再选一次，我估计还是选大公司，因为无论如何，大公司代表着机遇和稳定的一种协调，小公司风险相对太大了，几乎不可控。我本人也带有严重的"稳定倾向"，对冒险总是有抵触，不到万不得已不会轻易做太冒险的举动。

所以，我这些年有几个感触：

1. 如果你没读过书，基本上只能抓住一些低端机会，卖菜、修车、开饭店什么的。如果你读了本科，可能就能发掘出稍微高端点的机会，比如开家小软件公司或新媒体公司。如果你水平更高点，就可以做点更高端的事业，比如在巨头科技公司工作过的技术骨干，离开公司后另立门户，创立科技公司，英特尔就属于这种。

2. 发达是一系列选择的总集合，得在几个关键节点上都做对选择，而不是做对某一个选择，做对一件事意义不大，这也就意味着发达属于低概率事件。

3. 未来整体呈现出一种强烈的不确定性，能不能发达这种事，谁也说不准，所以吧，既不要轻易自怨自艾，也没必要提前觉得自己有多厉害，很多事眼下看没啥意义，过几年回过头来看，可能会发现意义非凡，甚至有着决定性的意义。

寒窗十年和个人发展的关系

事实上，寒窗十年只是个下限。也就是说，你考上了大学，甚至考上了985、世界名校，都只代表你可以玩一些游戏了，至于能不能玩好，能不能向上突破，以及游戏本身是不是有前途，都没人能告诉你，更不会给你什么承诺。进入职场后，能不能取得成就，跟很多元素有关，比如会不会说话、责任心强不强、积不积极、有没有可靠的领导，等等。

责任心比较关键。责任心大部分是天生的，有些人做事就是负责，领导交代下去的事肯定会办妥，即便没办好也会有个合理的说法。领导们都是背着 KPI（关键绩效指标）的，他们最希望看到的，就是交代下去的事情，自己什么都不用管就办妥了。能这样做到的人，领导就愿意带着。

积极也很关键。我这些年见识了太多人，发现大多数人并不积极，也不想改变自己的现状，更不想积极寻求解决问题的方式，尤其不想解决那些跟自己关系不大的问题。在学校的时候，大部分人以一种被动态势应对事情，老师让干啥就干啥，往往应对得还不错，成绩也很好。到了职场，这种态度就行不通了，工作可能会搞得一塌糊涂。其实换个角度大家就懂了，如果你是领导，你自己背着 KPI，如果手底下的人超额完成了分配下去的任务，你啥感受？这种事情发生的次数多了，你是不是很信任这个人？等你升迁的时候是不是想带着他？创业也差不多，能创业成功的人，肯定是积极主动的人，肯定是人缘不差的人，也肯定是靠谱的、有领导力的人。

这些素质，就叫"心劲"，大部分人在毕业三年内心劲就被消耗得差不多了，能维持十几年的，基本没有混得差的，除非运气太差，或者能力太差，劲都使到不合适的地方去了，那也没办法。

我觉得大家在工作中提点自己的诉求无可厚非，但如果工作态度是"占老板和公司的便宜"，最后会把自己玩得很惨。这是个"相互成全"的世界，你给领导解决问题，帮他赚了钱，他才会把你提拔到更高的位置上，等到他被提拔了，他也会继续把你带着，好让你去给他帮忙，于是你的位置也就跟着上升了。相互利用的关系也是关系，人很少会背叛利益。

不过有一说一地讲，我自己一边在大公司"搬砖"，一边抽空写文章，对"上班"和"创业"都有一些体悟，创业比上班要难得多，也艰苦得多，但是稍微做成了一些，收益比上班多得多。

那些非常厉害的人，又是名校毕业，又有大公司背景，在收入上有的可能真比不过做生意的出身不高的小老板，这个不是能力差距，而是赛道的差距，你在黄土路上很难赚到高速路上的收益。当然了，一般也不会面临翻车后车毁人亡的危险。

不知道大家有没有一种感触，从初中开始，班里的学霸很少有混得差的，毕竟智力和行动力在那里摆着，但是也少有混得特别好的。原因倒也不复杂——他们发展的路线太过笔直，社会中的那些比较优的选项往往给了他们，那些选项都是成熟道路，走着平顺，但是缺乏"碰运气"的成分，使得他们的能力太过依赖平台，而且越往后越离不开平台。真发了大财的，反倒是当初那些条件没那么好，选不了"成熟道路"而去碰运气的人。

其实很多人都有这个问题，好不容易考上了名校，但是毕业后发现自己依旧苦得很，怀疑自己是不是"真正的倒霉一代"。其实不是你这代人倒霉，你们这代人里总会有一些人脱颖而出，只是不是你。也许你恰好运气不够好，或者你是个消极的人，或者你是个不踏实的人，多种因素共同作用，最终导致你个人发展受限。

整体而言，"上大学"可以理解为最廉价的上升阶梯，从一楼把你送到三楼，读了博士可以理解成送到了三楼半。但是，到了三楼你能不能爬上去，那就看你自己了。这里说的"看你自己"，有很多种意思。比如，你有个厉害的爹，能把你从三楼拎到五楼；或者你能力特别强，干起活来一个顶五个，在私企里这样的人一般会被提拔起来；或者你能力虽不是特别强，但领导就是信任你，你说不定也能被提拔；等等。

不过转来转去，其中似乎有种铁律在运作，即二八定律——不管什么环境，都是 20% 的人占据 80% 的份额，那20% 的人里，又有 20% 占据 80%。说这个不是说能脱颖而出的人很少，而是说"肯定有人会脱颖而出，只是比较少"。

几代人的努力 vs 寒窗苦读

寒窗苦读挺过了漫长的学校生涯，迎来的并不是终点，而是一个新的起点。单凭读几年书就想超过别人几代人的努力，那显然是不可能的。站在这条起跑线上，人生其实是进入了一条新的赛道，在这条新的赛道上，你站在起点，而拥有几代人努力的人早已出发，你想超越他们，确实有点不现实。

毕业后走上社会所面对的江湖，可以理解为无规则竞技场。高考考场不让带手机，不让作弊，因为那样不公平，但是来到社会这个竞技场，你面对的是无规则竞技，你可以找朋友，你可以全网查资料，你可以动用家庭关系，你可以调动一切你能调动的资源，来赢得这场竞技。如果在你所在的赛道上，你什么都没有，那你面对的可能就是一场单方面的 KO（击倒）。

这听起来很残酷，你可能得跟拥有好几代人积累的人一起竞争，因而感到特别绝望。但也可能，你哪天突然"开悟"，跳出了这条赛道，就跟从自行车道跳上赛车道一样，冲出去，把拥有好几代人积累的人甩在身后。这个完全有可能，而且每天都在发生。

大家经常说到了三十来岁，大学同学之间的距离被迅速拉大，说的就是这事。其实不是说有人当上领导了，所以厉害了，更大的可能是他变道了，从黄土路跑到高速公路上去了。如果在同一家公司，你想超你同事十倍工资难得要死，但是如果你变换赛道，可能轻轻松松就做到了。

回到文章开始的那个问题：人家几代人的努力，凭什么输给你的十年寒窗苦读？人家几代人的努力当然不会输给你的十年寒窗苦读，但是，如果你通过十年寒窗苦读，把自己送到稍微高一些的起跑线，你的头脑已经被武装过了，而且有搞定超复杂问题的决心和方法，在毕业后依然保持积极性，踏踏实实做事，再加上有运气加持，你的前景谁都没法想象。

这也就衔接上另一个话题，经常有人在问：房价那么高，我现在工资这么低，怎么办？其实我也不知道你该咋办，不过吧，刚毕业的人总容易犯一个错，就是把人生当成一个线性发展的过程，以为在现在状态的基础上画一条延长线，就是自己十年后的状态。如果是这种状态，确实既买不起房，也超不过别人。

不过真实世界不是这样运行的，以十年为期，中间会有大量的其他因素，有的会带来负面影响，有的会带来正面影响，最后生活曲线会变成一个不确定的形状，反正不是直线。整体而言，积极乐观、能力强的人翻身机会会更多一些，至于怎么翻身，谁也说不准，每个人都不太一样，我能做的，就是告诉大家这种发展规律。

发展不是线性的，如果大家速度都差不多，你三辈子都赶不上别人那几代人的积累。但是，如果中间发生突变、变道等情况，你可能在几年内就能彻底超过别人那几代人的积累，而那些人向来有个问题，就是船大掉头难。

那到底可以做哪些努力改变现状呢？大家各自的情况不一样，要做的也不一样。就我个人而言，只要是能操作的内容平台，我现在都会去试试，万一能成呢。事实上，我这个公众号也是在一个无聊的中午突发奇想搞起来的，如今它的发展已远远超过我当初的想象了。

人总是避免让自己痛苦，所以尽量不去尝试那些成功概率低的事。多年以后回过头来看，你会发现自己错过了很多，很多事当初只要积极一些，认真一些，再试一次，结果可能就完全变了。我一直有把各种想法记录下来的习惯，这段时间翻了下以前写的东西，发现之前有过很多想法，想去做某件事，但还是被焦虑给劝退了。现在想想，如果当初去尝试一把那些成本非常低的事情，我应该会比现在强太多。

寒窗苦读可以理解为"武装了头脑"，只拥有"武装的头脑"是没法超过别人几代人的积累的。但是，如果用这个头脑去打硬仗，去尝试不同赛道上的玩法，机会还是很多的，奇迹时时刻刻都在发生。互联网的本质是"低成本获取资源池"，同时还是个"低成本分发池"，有太多的人天天在互联网上学习，但是很少有人向这个池了输出啥。你不输出你卖啥呢？卖不出去赚啥钱呢？大家好好体会下吧，我当初就是被这句话惊醒的。

互联网也是人类第一个实现了"按需分配"的地方，资源几乎无限，有人利用这种廉价资源翻身，有人彻底沉迷其中，变成别人的道具。是的，**如果你在互联网上只是消费自己的时间和精力，而没从中赚到啥的话，那你就是道具。**

总之，多思考，看到平台就想想自己能输出点啥；看到厉害的人就想想我有没有他那两下子；如果没有，是不是可以搞个低配版本的。时间长了，说不定你就能成功变道了。

寒窗苦读
只是让你拥有了
武装的头脑。

走上社会的
无规则竞技场，
拼的是

心劲。

CHAPTER 4

国运向上，个人怎样赶上潮头

写在 2021 年第一天，
我为什么相信中国

2020 年的经济形势虽然整体比较严峻，但我的公众号运营得还相对顺利，所在公司业务也不错，尽管有点艰苦，不过结果还凑合。我在微博上发布了一个题为"你的 2020 过得咋样"的调查，有近 1.4 万用户参与了互动，结果显示如下：表示"非常不咋的"的有 4036 人，表示"一般般，和往年没差别"的有 4110 人，表示"还不错，有进步"的有 5067 人，表示"非常爽，最好的一年"的有 489 人。大家可以看看你处在哪个位置。

在 2021 年的第一天，我来说说我对未来的看法。还跟以前一样，我坚定地相信国家，也相信大家会克服所有困难，我们的生活会越来越好。

国家是如何从发展中状态进入到发达状态的

抛开卢森堡、瑞士那样的小国，我们来回顾下那些大国的发展史，说不定能看到我们国家的未来。

其实每个大国的崛起过程，几乎都可以分成这么两个阶段：资本积累阶段，内部整合阶段。

资本积累，好理解又不太好理解，就类似一个人攒钱盘了个小饭店，小饭店慢慢经营壮大，发展成吃饭、洗浴一条龙的大酒店。

资本积累其实就是一个"攒钱、投资、再攒钱、再投资"的过程，我们国家整体经历这个过程的时间比较短，真正意义上的资本积累过程也只有几十年。但是发达国家基本没有这么短的，类似英国那种老牌资本主义国家花了几百年才完成第一阶段，美国完成这一阶段也经历了上百年。

不过整体趋势是后发展的国家会发展得越来越快，因为技术赋能，挖掘机铲土肯定比铁锹快。

不过西方，包括日本，在资本积累阶段几乎没有例外地有一部分钱是从海外强抢的。英国就不说了，到处有它的殖民地。大家一般说美国没有殖民地，其实这个说法不太对，因为美国把抢到的地方变成了国土，再聊殖民地就没什么意思了。

有了殖民地，一方面可以掠夺，另一方面可以把生产出来的东西高价卖给殖民地。从这个意义上来讲，"殖民贸易"也是一种"出口导向"。也就是说，发达国家几乎都是通过出口来积累初期资本的，然后通过这些资本大力发展科技点，比如英国主要发展了蒸汽机、战列舰、火车等，美国主要发展了电力和炼钢，日本则专心做纺织。

但是，单纯抢钱不是长久之计，最明显的是英、美两国，资本家赚到了，但是国内老百姓陷入了普遍的贫穷，闹得非常凶。后来欧洲通过内部整合，部分国家走了社会主义道路，成功闪避了无休止的暴力革命。我们以前一直说，美国的"社会主义者"桑德斯，在欧洲只能算中间路线。

英国通过大规模向基层让权，吸收草根进入议会和政府，致力于改善工人阶级境况，规定了最低工资，禁止雇用童工，工人死了要给补助，工人老了要给养老，还要强制把小孩送去读书，这属于英国的"脱贫攻坚"。这样稳定了形势，英国一度过得还不错，要不是美国和苏联崛起，英国又被美国从背后捅了一刀，殖民地也几乎跑光了，英国大概率还可以继续这样好下去。

美国也一样，面对汹涌澎湃的抗议浪潮，资本家被迫让利，给工人涨工资，实行 8 小时工作制。在罗斯福上台后，国家牵头抑制贫富分化，大规模拆分垄断巨头，贫富分化在 1929 年达到了最高峰后，开始缓解，一直到 2008 年金融危机时重新回到了历史高点。达利欧[1] 在一篇文章里也指出，美国

1　瑞·达利欧（Ray Dalio），世界头号对冲基金桥水基金创始人。

现在的分裂程度和社会矛盾达到了 1930 年以来的最高峰。

抑制贫富分化一直不被经济学家们看好，他们认为此举违背市场原则，影响效率，不过现实是强国到了一定时候都得考虑抑制贫富分化，帮助基层脱困，不然注定走不远。用我们的话说，那叫"兼顾公平和效率"。大家其实应该也注意到了，这两年风向已经转了，"公平"的口号喊得越来越响。

回到美国。抑制贫富分化这件事最大的好处就是能制造一个巨大的国内市场，大家手里有钱才会消费，买洗衣机、旅游，美国那些厉害的发明才能铺开，只有铺开才会分摊成本，才会进一步降低价格，企业才能做大赚钱，有了资本，就可以投资继续研发新科技。

大家注意下，超级企业肯定是在生产大家都用得起的东西，如果只生产富人用的东西，一般只是名声大，规模大不了，而且不太赚钱，毕竟广告费就能压死它们。这些奢侈品企业得不断向普通人发洗脑广告，让他们羡慕富人拎的包包，这样富人才会买，买了才有感觉。

而且美国当时也是疯狂地搞基建。几套拳下来，慢慢形成了巨大的国内市场，美国是世界上第一个实现了内外双循环的国家。

说到这里，大家明白了，**发达国家发展都有两步：第一步是海外贸易，第二步是发达的国内市场。这也就是我们熟知**

的"双循环"。

三个陷阱

从发展中国家向发达国家前进的过程中其实有三个陷阱。

第一个陷阱是"低收入陷阱"。这很好理解，就是开局时处在一个坑里，要钱没钱，要资源没资源，死活出不来，这是大部分人和国家的写照。

在这种情况下，就得别人拉一把，比如借给你点钱，让你去开个小卖铺，或者让你去血汗工厂，尽管赚得少，但是多多少少可以攒点钱；攒点钱就可以开小卖铺，从小卖铺升级到小饭店，然后到大饭店、大酒店，最后升级成带有银行功能的综合会所。

国家和人一样，有的缺才能，有的缺启动资金，有的两者都缺——但是只要缺其中一样，未来发展大概率就被锁死了。

第二个陷阱是"中等收入陷阱"。当国家发展到一定阶段时，其国内的人力资本就会上涨，且不再随便污染环境，很多企业就得寻求新址搬家了。现在大家看到很多外资企业撤出中国，但其实在过去的半个世纪里，这些企业一直都在搬来搬去，哪里的劳动力便宜就去哪里。

环境污染这件事整体符合一个叫"库兹涅茨曲线"的走势，也就是在一般情况下，某个国家刚开始发展时，环境会急剧变差；进一步发展，环境又开始好起来。英国以前几乎砍掉了整个国家的树，疯狂玩蒸汽机，几乎每座城市都覆盖着一层煤灰，伦敦更是常年被烟雾笼罩，被称为"雾都"。1952年，伦敦发生了一次严重的烟雾事件，导致伦敦交通瘫痪。据统计，当年因这场烟雾而亡的有4000多人。这次事件是20世纪十大环境公害事件之一，被称为"伦敦烟雾事件"。现在英国已经完成去工业化，环境改善得非常不错了。结合其他发展中国家的经历我们就能看出来，所有国家的现代化过程都是比较乱的，因为"现代化"要打破以前的秩序，建立新的秩序，这个过程不可能不乱。

乱一段时间也没事，最惨的就是到了"现代化"的门口，却进不去——这下好了，一直乱，又退不回去，墨西哥、巴西等国家就是这个状态。

当外企大规模撤离的时候，如果一个国家没形成大规模的国内市场，那就惨了，这个国家将处在一个不上不下的状态，外企一走，一地鸡毛。

这类国家有几个支柱产业，但国内市场太小，没法支持这几个支柱产业，又没法迭代演进，自然也就没法"先富带动后富"，国家一直不上不下，弄不好还会动荡，东南亚和南美的一些国家多是这种状况。

当然了，如果发达了，仍会面临第三个陷阱——"高收入陷阱"，因为企业和国家慢慢会迷恋上赚快钱，而且会把不太赚钱的企业和赚钱慢的企业搬到海外。

不赚钱和污染环境的企业搬走倒没什么问题，最大的麻烦是把赚钱慢的企业也搬走。类似科研行业和需要技术研发的行业，都属于赚钱慢的行业，如果这种行业也走了，那最后的结果就是少量从事金融业的人士过得高大上，剩下的人越混越差。

比如英国。英国已经没多少支柱产业了，地下洗钱业务倒是蓬勃发展，英国脱欧最大的推动力就是金融寡头们要摆脱欧盟对他们的洗钱限制。

其他发达国家也都差不多，都面临本国核心业务外流、经济金融化等问题。对比我国的情况，很明显现在我国在搞外贸的时候，已经在布局未来，不断地进行国产替代，投资基建，这样等外资开始撤离的时候，我们自己的内需也上来了，互联网基建也都搭好了，正好开始搞互联网。我们现在马上要面对第三个陷阱。

我对我们能安然跨过这第三个陷阱很有信心，因为我国对金融的态度相对比较谨慎，而且一直在鼓励科研，这一点是自下而上的。更关键的是，我国政府是能控制住银行的。众所周知，对于企业来说，最重要的就是银行的支持。能控制住银行，国家就能从根本上控制产业的走向，就像韩国、日本。

我理解通过这两年的试探，国家越来越坚定了搞高端制造业的决心，这一行业既可以稳定就业，也可以持续向上攀升。

到底什么样的社会才是有未来的

说了这么多，大家其实也慢慢感觉到了。

简单讲，一个社会能发展，第一关键的要素是"需求"，也就是购买力。 我们说国家起步要搞外贸，后来要发展内需，本质都是"需求"。搞市场经济，最关键的就是卖的东西有人买，这样才能循环起来。出口导向，是为了让老百姓富起来；扩大内需，也是为了让老百姓富起来。两者本质是一码事，都是让人手里有钱。有了钱才有购买力，国内开的饭店有人去，研发的芯片、电池、电动车有人买。只要有人买，企业就能回笼资金，就可以迭代起来，不然再好的产品研发出来也没什么用，一锤子买卖。很多厉害的发明被创造出来后就被束之高阁，主要是因为没什么用，卖不出去。卖不出去的发明就没法迭代，再厉害也得闲置着。这是我国后续发展的难点，但也是我国最大的优势。巨大的市场就是我们真正的武器，接下来我们就是要不断深耕这个市场。

一个好的社会肯定是让精英发挥优势的社会，这也是早年中国精英往美国跑的一个原因。不过这些年随着中国实力的提升，这一点也补上了。众所周知，中国有产品经理一年收入能达到令人惊叹的两个亿，技术强悍的大学生一毕业收入也能达到年薪一百多万元。激励只要足够，人才就能发挥出优势。同时要照顾落后群众，我一直不觉得这和"尊严"有什么关系。我一直觉得，基层有无数厉害的人，只是他们的才华被淹没在了无休无止的日常工作中，照顾基层，就是给所有人机会。而且，让基层慢慢富起来，本身也是扩大国内市场的一部分，某购物平台几乎是一夜之间爆火，本质也是它独自杀入了一个处女地。

与此同时，要培养越来越多科技含量高的公司。归根结底，国家之间的竞争最后都要落实到公司之间的竞争。当然也不能说"培养"，伟大的公司都是自下而上演化出来的。中国铺设了天量的互联网基础设施，自然而然演化出了世界上最能打的互联网企业。

其他领域也一样，中国有海量的国内需求，自然而然会涌现出强悍的企业，比如通信领域的大爆发推出了华为，使得它在手机领域也成就卓著。现在全球最大的手机制造商三星在中国基本卖不动，也跟我国本土企业的科技含量越来越高有关。

整体来说，深耕国内市场，提高科技水平，抑制贫富分化，完善市场秩序，打击资本投机和恶性的那一面，这些方法

没什么问题。而且如果能长期坚持，未来可期。

　　大家应该也看出来了，市场经济的规律在超级公司那里越来越不适用，传统那种"完全竞争的市场"在很多领域并不存在。那里都是超级公司的天下，比如芯片、互联网、通信、铁矿、石油。

　　这些领域每个国家都只有几家巨头在控制着。这些巨头的想法，可能就是这个国家接下来几年在这个领域的进展，不干预能行吗？如果一个国家顶尖的公司躺着吃垄断红利不搞研发了，那这个国家在这个领域可能很快就要落后了。

　　这些年经历过这些事，大家可能觉得现在形势不是太好。不过应该学会用"迭代"和"进化"的思路来思考问题。治理腐败，脱贫攻坚，芯片研发，技术进步，甚至我们自己日常的工作，其实都可以用这个思路来思考。比如我们做软件，第一个版本都比较简单，然后慢慢往上加功能，一点点精细化，迭代那么几轮，看着就非常精细、非常受看了。这也是说要"保持初心"的原因，出发后不要忘了方向，朝着一个目标反复迭代几轮，一切都会好起来。

曾经人才流失严重的我们是如何赶上的

　　这个问题已经困扰我很多年了。作为一个早熟的年轻人，十几年前第一次碰上这个问题的时候，有种深深的寒意，觉得这个国家不会好了。毕竟很多高端人才去了欧美，欧美只会越来越强，而我们缺乏人才，会不会一直被锁死在低位上？那时候这类问题根本无法想清楚，不过生活还得继续，不然还能怎样。如今十几年过去了，整体形势比我想象的要好得多，我也期待这篇文章能引发大家进一步的探讨。

人才是流动的

　　之前说过一件事，是我们公司的创始人说的。他说在他毕业那会儿，谁会想去一个初创的小公司啊，当时大家的梦想是去当公务员，当不上公务员，那就去国企当个正式职工，搞个铁饭碗。像他这种读了大学，最后进了个初创公司，给人的感觉就是大材小用了。不过这么多年过去了，当初进国企的那批人普遍也就那样，尽管整体比较稳定，但没有特别大的发展，而他们这些当初被认为是大材小用的人，反而在市场化大潮下干得风生水起。

事实上大家围观一下，**大部分成功的团队都是在博杀中前进、在残酷的竞争中成长的，经历变成经验，经验再变成策略和心智，反复迭代，普通人在这个过程中也能爆炸式地迅速成长，厉害的人会迭代式地成长得更快。**

反过来，最高端的人才去了稳定的环境，做螺丝钉性质的工作，很快就"螺丝钉化"了。早期去往海外的那些人才，基本都进入大公司这样的稳定环境中变成"螺丝钉"或者搞科研了。其实观察下现在的情况我们就能看出来，国内最优秀的毕业生往往也倾向于去大企业上班或者去科研机构，这些机构最容易把人练成螺丝钉。当然了，我在这里不是说不该去大企业，毕竟我自己现在也是在大企业里。我是说系统在上升期伤亡大，但是容易涌现英雄，这些英雄的初始条件比较差，但是环境把他们逼成了神。

也就是说，"强人"本身是流动的，大学毕业那会儿你可能非常牛，但是毕业后多年从事低挑战、低强度的工作，大脑皮层慢慢固化。在所有的固化里，最可怕的其实是"大脑皮层"的固化，人慢慢开始变得保守，不再冒险，不再尝试任何可能性，否定认识范围之外的一切事物。在系统的稳定状态中，大家更容易找到自己的位置，尽量少去冒险，但是这个过程会消磨人的激情，锁住人的进取心，最终使人变得只在乎自己的一亩三分地。也就是说，环境和个人是一种相互进化的关系，上升期的环境会塑造强人，而强人会推动环境进一步上升。

所以，即使优秀的人走了，只要组织还在前进就不怕，因为"前进"本身会塑造强人。在好的环境里，高手能持续涌现出来，而且是源源不断地涌现。

中国的人才选拔一直都是"海选"模式

全世界的教育体系分成德国模式和英国模式。

德国模式强调的是每个人均等的受教育权，把所有人都强制送进学校，大家用同一套教材。这种模式的弊端就是成本特别高，因为既然国家要求每个人都同等接受教育，就对应要有巨大的教育支出。这种模式整体不太关注学生个性什么的，强调的是训练和选拔。有点像军队，每个人都得达到23分钟跑5千米的标准。一般后发展国家基本是采取这种模式。这种模式认为人生是场马拉松，你跑得快、耐力强，就可以脱颖而出。如果你耐力实在不行，那也跟着跑几圈，总比不跑强。

英国模式强调的是"释放"。也就是说，如果你是天才，你很快就会脱颖而出；如果是一般人，那就专注做自己，强调的是个性和自由。这种模式认为人生就像一栋摩天大楼，每个人都有自己的位置。你也不用焦虑，做你自己就可以。这种模式可以让人少一些焦虑，多一些从容。

很明显，德国模式适合改善社会整体土壤，是后发展国家的最爱。尤其适合工业国家，这类国家需要大量的有一定科学基础的人口。英国模式适合培养天才，领先国家比较喜欢。这也跟欧洲古代培养神父的模式有关，欧洲有些像我们的清朝，选几个脑子好的去学校抓学习，而不是大家一起学。

德国模式对世界影响极大，东亚国家基本上都采取德国模式。这种模式最大的好处就是，如果人口基数大，能选拔出海量的优秀人才，而且源源不断。

从某种程度上讲，我国当初顶着巨大的财政压力采纳了德国模式，也为后来的一切打下了基础，中国年轻人的识字率和科学素养在全世界范围内算高的。

在过去几十年里，中国培养了巨大的人才库，毕业后到市场上搏杀，自然会进化出新一批的顶级人才。说起人才，大家第一反应是科学家，这个理解就狭隘了，相比较科学家，更重要的是企业家和政治家，如果技术不能转变成市场需要的东西，往往一文不值。

中国如今在商业和政治层面并不比西方弱，但在科技方面还稍逊一筹，主要也是因为中国之前主要的问题不是创新，而是先追赶。比如你得先吃饱，然后谋求富裕，等钱充足了，再搞点别的，争取领先什么的。

大概在 2008 年之后，中国的形势慢慢好起来了，这几年开始布局未来，从 2017 年全球 R&D[1] 经费投入来看，我国和美国在科技方面的投资马上就要持平了。这也是这几年越来越多的博士在美国学完后选择回国发展的原因。

事情正在起变化

我发现，在 20 世纪 90 年代到 2010 年左右，卖掉房子移民国外的那批人，发展得特别好的非常少，大部分是开出租车，开个超市。发展得稍微好点的，组织个施工队，或者做家庭医生（台湾同胞多一些）、移民中介、房地产经纪人（主要服务对象是华人），反正海外华人多，需要大量的人相互服务。

这几年国内互联网大爆发，一些高智商的华人在海外模仿国内做"野生 app"，比如"野生滴滴""野生饿了么"，其中有些人做成了，发展得还不错，其他人就发展得相对一般了。

国外，尤其是北美，有个明显的特点，就是人少，所以你

---

1 R&D（Research And Development），指在科学技术领域，为增加知识总量，以及运用这些知识去创造新的应用进行的系统的创造性的活动，包括基础研究、应用研究、试验发展三类活动。国际上通常采用 R&D 活动的规模和强度指标反映一国的科技实力和核心竞争力。

在国内钓鱼经常什么都钓不到，到了那边一挥竿就能钓到，说不定还沾沾自喜觉得自己有这方面的天赋，实际上是因为那边人少鱼多。

但换个视角，人少也会变成这些地方的明显缺点。比如，因为人少，有些生意就没法做，这也就进一步限制了发财之路。如果大家跟我一样经常跑海外，就能看到，美国和加拿大以及欧洲那边，华人女性当超市和商场售货员的非常多。男性在发达国家做生意的话，基本上集中在中餐馆、超市、施工队，后来使得这些行业的竞争都加剧了。

我听到的最残酷的一句话是：这些移民国外的人在国内的时候买东西消费都是不看价格的，去了那边多多少少都抠抠搜搜的。那边赚钱通道少，迟早坐吃山空，所以大家都得悠着点。

在这个过程中通过留学出去的人，经常是读完博士定居美国的，发展得基本都不错。这些人本来就是我国的精英阶层，他们在哪儿都不会太差，但是爬上去的也非常少，有玻璃天花板一说。这些人混到中层的比较多，混到上层的非常少，职业生涯经常是一眼望到头的。

在 2010 年之前，出国的人绝大部分还是希望留在国外的，回国的往往是没办法留在国外的。

我有一年去法国，认识了一个女生，2000 年左右北大中文系毕业，后来去法国留学，当时宁愿待在法国卖香水都不回国，这个工作月薪大概是 3000 欧元，购买力相当于六七千元人民币（不能直接用汇率换算）。

倒也不是要对别人的选择说三道四，不过同行的几个年轻人都说如果留在法国，必须比国内的收入高得多得多才行，比如他们在国内有两万元的月薪，在法国得一万欧元以上才行（法国月薪达到一万欧元绝对属于非常高的高薪了），以弥补离开家的痛苦。

在 2010 年之后，留学生内部出现了很大的分歧，分出来了"回国党"，他们是坚定要回来的，出去就是为了回来，出去的目的就是学习，将来要回国上班，而且这部分人越来越多。根据我国教育部公布的 2018 年我国留学人员情况统计，相比 2017 年，我国留学归国人数增加了 3.85 万人，增长了 8%。

更重要的是，国内慢慢地有了承接他们的条件。我以前认识一个美国的生物博士，他跟我说，他 2004 年毕业的时候国内没有一个能给他工作岗位的公司，只能去大学，不过那时候大学对这个专业也不是太重视，所以他就留在美国制药公司了。

现在国内的研究条件慢慢开始变好，也有了更多的商业公司能接收这些研究型人才，研究经费也越来越充足，这个趋势非常明了，相信今后会有越来越多的人才优先选择国内。

不过话又说回来，博士相关专业除了少数几个跟市场匹配外，也就是研究方向正好和公司利益相匹配，才会出现新闻里报道的花上百万元雇用一个博士去公司搞研发的情况。在一般情况下，博士们都得去大学之类的地方，以致现在很多领域的博士过剩。

这也是现在越来越多的博士出去做科普相关的工作的原因。我跟某科普大V关系不错，经常开他玩笑，他以前就是中国科大少年班的"神童"，后来不再做科研工作，去做科普工作了。

我们以前是追赶态势，所以对创新要求低一些。今后慢慢还是要往"引领创新"方向发展，创新不是以前那种一拍脑瓜灵机一动，而是持续地研发和不断做技术突破。

我知道那几个知名的大公司，基本都在高薪雇博士们搞"预研"，也就是技术储备，今后估计越来越多的大公司会意识到这一点。只有大家都开始花钱去投入研发，对人才才会有需求，人才回国才有地方去，不然就算他们想回国也没地方去。

我国后续想持续发展，或许也只能走这条路，而且扩大研发还有个好处，就是增加高收入技术工人的数量。我们前文反复说过，有钱人的钱大部分都消费到海外或者在国内买资产了，只有年入十万元到三十万元这个阶层的人才能带动内需。从这个意义上讲，我们最近两年被各种"卡脖子"，长期看来可能不是坏事，至少打消了一部分人的幻想，从学界到企业界，今后都得有自力更生的决心和行动。

这七十多年来，我们就这么艰难地走过来了，有句话是这么说的：回头再看，所有的困难都是奖赏。也希望再过一些年，我们眼前的困难也都是奖赏。

大部分
成功的团队都是在
搏杀中前进。

经历转化成经验，
经验再变成策略和心智。

反复迭代，
普通人也能做到
爆炸式成长。

两百年来的技术追赶之路

我看了"腾讯科学 WE 大会"直播，其中提到我国在通信领域已经达到了世界顶尖水平。我觉得有必要简要说一下这两百年间我们是怎么落后的，现在又是什么态势。

西方的崛起

中国在古代领先于全世界这个事实没什么可说的，但中国具体是什么时候被西方超过的呢？

我不引用咱们国家自己的说法，引用伊恩·莫里斯的。他是斯坦福大学的教授，经常被人说成是"种族主义者"和"白人至上主义者"，就连他自己也认为，西方大概是在 1750 年追上了东方。[1]

那么问题来了，西方做了什么事情使得他们快速赶上了东

---

[1] 伊恩·莫里斯在《西方将主宰多久》这本书中提到，1750 年左右，英国企业家率先使用蒸汽和煤炭，从此世界发生了翻天覆地的变化。

方呢？

这个关系链现在主流学术界已经捋得很清楚了。

首先是发现了新大陆。西欧人在新大陆又发现了大量黄金、白银等贵金属。

如果单纯发现大量钱并不是好事，有点像银行给大家印发了大量货币一样，好在当时东方比西方发达得多，西方可以拿着这些钱去东方购物，在这个过程中慢慢提升生产力。

西欧人拿到美洲的黄金后，当时在今菲律宾、马来西亚一带买香料，在印度买棉布，在中国买瓷器和茶叶。在这个过程中，西欧越来越富，慢慢也可以投入扩大生产。

正是因为贸易，中国和西方的沟通和交流非常充分。中西方在火器方面基本没有代沟，戚继光的队伍里就大量装备了火器，明朝边军也有大量的火器，甚至明朝和日本在朝鲜的那场战争中，双方都大量装备了火器。

不过当时冶炼技术不成熟，枪管里有大量的气泡，无论东方还是西方，火器都出现了严重的炸膛问题。那时候每次开枪都跟赌俄罗斯轮盘似的，膛一炸，半边脸就没了。明朝工部每年都会生产大量的火器，但是边军并不喜欢用，这些火器经常是堆在仓库里。戚继光的《练兵杂纪》，大家有兴趣可以去翻翻，里边讲了这些事。

中国进入了清朝后，四境安稳，视野内的敌人都能打得过，所以大清彻底失去了改良武器的动机，就好像一个人住在一楼就没有动机去装电梯一样。

但是西方不一样。欧洲大陆被几条山脉和大河切割开来，形成统一国家非常困难，碎了一地的几百个国家打来打去；各国因为市场、宗教、殖民地打成一团。为了在战场上取得胜利，各国不断升级武器，改革军制。谁武力强，谁就可以有更多的殖民地，既可以向殖民地倾销工业品，获得更大的财富，又可以让殖民地的人充当劳动力。

所以西方在扩大工业产能和增加大炮口径方面的比拼越来越激烈。这种竞争让各国绞尽脑汁，不断研发全新技术压制其他国家，并且设计了复杂的选拔机制，选拔最高端的人才到国家科学院去研究新技术，国家开出赏金悬赏各种创意来解决各种问题。

而在中国，火枪被发明出来后经历过四次关键改进，但由于清朝对火枪没什么需求，就一直没继续改进，从此，大清的火器也就停留在了明朝水平。多说一句，中国古代发明的是黑火药，可以放烟花，也可以用在枪炮上，一直到拿破仑战争、克里米亚战争、美国南北战争和英国布尔战争，欧洲陆军都是使用黑火药作为枪炮弹药。随后发明的"无烟火药"，完全是另一种东西，效率高，残留物少，现在的枪里都是用这种火药。

一般说的科学精神，也是在这个时段出现的。技术人员的地位和收入越来越高，大学也开始大量介入研究科学技术。在那之前，大学主要是研究神学的，科学属于非主流。大学里都是些神父，美国成立哈佛大学、耶鲁大学的时候，这两所学校的主要职能还是神学院，是培养神父的。

而且西方跟中国相比，有个明显的不利方面——人少。这本来是劣势，但正因为此，西欧倾向于用机械和工具来解决问题。中国往往能增加人力就不增加技术，越来越多的人力被投入到土地上，边际产出越来越低，黄宗智提出的"内卷"这个词正好可以描述中国当时的状态。

由于没有海外扩张和军备竞赛，中国对技术需求一直不高，技术人员的地位也上不去。

这很好理解，一个精通人工智能的高手到了我们老家也一文不值，但是在北上广等一线城市，却可以拿到上百万年薪。本质都是需求，一项技术或者一个人才到底有没有价值，跟市场需不需要有决定性关系。

在地理大发现之前，欧洲的技术人员也没什么地位，只是随着对技术工人的需求越来越大，这些人的地位也水涨船高。

西欧的这个发展过程非常漫长，又持续了上百年，不过这是个"积跬步以至千里"的过程，尽管进展缓慢，但它有个

"从量变到质变"的特点。慢慢地，西方在下边这些领域的进展越来越明显：

海上定位越来越准确（经纬度测算，不断改进六分仪、星图、象限仪、望远镜等航海工具）；

生产工具做了大量改进，比如纺织机、蒸汽机，都发生了质的变化；

作战装备越来越专业，随着不断改进冶金技术，枪械炸膛现象也越来越少，后来又增加了膛线。随后又很快发明了"雷酸汞"，它对武器的影响是决定性的，从此撞针在子弹屁股上敲一下，子弹就飞出去了。

终于，在工业革命之后，机器挖煤、机器运输、机器纺织兴起，人的工作变成了驾驶、操作工具就可以输出比自己亲手干多几百几千倍的工作量，人类也就进入了一个新纪元。

等到下一次东西方相碰撞，已经到了鸦片战争，中国已经全面落后了。

科技进步的真正动力是什么？

通过上文的描述，大家也看出来了，对利润和战争胜利的需求是技术进步的关键。

就比如对一个人说，上班是为了实现公司的价值，升华自己的个人价值，估计对方没什么动力，可能还会觉得灌输这种思想的人是傻子。但如果跟他说，只要他好好上班，三年实现在北京买房，五年实现财富自由，那这个人是不是干劲十足？

科技的进步也是这个逻辑。研发技术本身是很痛苦的，要承受艰苦的研究过程、巨大的不确定性，以及投资打水漂的可能性，如果没有足够的激励，没人会去做。只有研发科技会让人和组织有收益的时候，大家才会投入巨资去做。

科技、贸易、战争，它们本质是一个正反馈循环，三方纠结进化。

科技可以提高战争和生产效率；战争可以抢殖民地扩大势力范围；殖民地和生产增加财富；财富又可以反哺科技。

航海、冶金、火药和天文等技能点，又是为了服务上边的那些业务，所有技能点都是为了解决实际问题而设的，最终目的无一例外是利润。所有人都渴望能通过改进技术提高效率进而分一杯羹。在这个过程中，无论是各国科学院还是民间技工，都发挥出了巨大的作用。

工业革命时代改变世界的三项技术，"珍妮"纺织机、改进的蒸汽机和火车头，都是基层技术工人的成果。这些本来出身寒微的人通过创新彻底改变了命运，瓦特、爱迪生这些人后来都成了超级巨富。

此外，国家研发和民间研发，军用和民用，一直都交织在

一起。我举个例子大家感受下。

众所周知，对粮食产量影响最大的是农药和化肥。可以毫不夸张地说，农药和化肥的出现让人类人口暴涨，改变了世界格局，成就了现在的局面。

但是农药有个关键原料，也就是氨。农药的生产需要大量的氨。氨本来是从硝酸钠当中提取的，但产量一直上不来。直到德国化学家弗里茨·哈伯反应过来制氨的关键是氮，而空气中不都是氮嘛。于是他通过复杂的技术，利用空气中的氮气和氢气直接合成了氨。

不过德国研究氨的合成最初的目的并不是支持农业，主要目的是快速生产硝酸铵，一种烈性炸药。随后第一次世界大战爆发，欧洲战场打成一团。德国疯狂生产硝酸铵，装炮弹射向英法阵地，法国的很多人就是在硝酸铵的爆炸声中被撕得粉碎。顺便说一句，2020年8月4日黎巴嫩大爆炸，起因就是2700多吨硝酸铵发生爆炸。

也正是这个原因，哈伯得了个"战争化工之父"的名号，估计哈伯也很无奈——拜托，我本来是想种地来着，怎么就成了战争化工之父。战争结束后，这种制氨技术被用在了种地上，果然农业产量大增，这项技术也就成了改变人类历史的几项关键技术之一。

哈伯后来因为合成氨获得了诺贝尔化学奖，不过全世界都在谴责他在战争中干的缺德事（倒也不是他干的，只是他确实参与了）。他的夫人因顶不住压力自杀了，所以哈伯一生抑郁寡欢。

不过氨在客观上改变了世界，从那以后，人类可以少数人种地，大部分人脱产去干别的。据说在那之前，全世界有一半人在种地，之后只需要三分之一。但到现在，世界范围内粮食的分配是相当不均衡的。

后来的原子能和计算机的发展同理，本来都是军事技术。美国搞原子能计划的目的是研究原子弹，计算机是用来计算导弹弹道的。这些技术都是过了很多年后才转化成了民用技术。我看腾讯搞的那个科学周里有个"科学探索奖"，也是着重奖励这种前瞻性的科研成果。

现在我们该做些什么？

转来转去，大家也看清了，技术的进步本质是源于对利润的渴望。

最明显的是美国，天上掉下的三块蛋糕，它全接住了。

美国建国时只有大西洋东海岸那一条线，在接下来的上百年中，不断向西蚕食掠夺土地，直到领土横跨两个大洋。众所周知，土地是财富之母，美国在这个过程中获得了第一桶金。

这部分红利吃尽之际，两次世界大战开打，半个欧洲的财富都跑到了美国。

世界大战还给美国带来了巨大的科技红利，大半个欧洲的科学家都跑到美国去了，美国也就有了第三次科技革命。

美国一直以来是鼓励竞争，对私产保护得比较好，美国很多发明家成了富豪。当然了，并不绝对，比如特斯拉就被爱迪生整得很惨，但这属于私斗，也没办法。

好在技术本身有个扩散效应。如果大家和我一样是做软件系统的，就知道一件事：面对一个难题，很多时候最难的不是研究过程，最难的是确认方向。如果你告诉我哪个方向是对的，那可能已经解决了 30% 的问题。

这也是很多博士痛苦掉头发的原因之一。对于那些理工科课题，包括博士生导师在内，大家其实并不知道你做的那个研究是不是死路一条，研究三四年发现根本走不下去的情况太多了。

经常一个难题可能日本、欧洲好几个团队都在研究，各自突围，大家谁都不知道谁能出成果，只能是硬着头皮往下走。如果大家不理解，看看新冠疫苗的研发就知道了，全世界好几个团队都在研究。从现在来看，我国研发的疫苗还是很不错的。

西方现在的科研水平依旧领先于中国，客观上提供了这样一个路标，很多技术我们没掌握，但是只要让我们知道对方是从哪个方向上突破的，就已经解决了最麻烦的问题。有这个逻辑在，追赶就容易了很多。

再加上摩尔定律基本已经到头，其他国家也发展不动了，相当于它们蹲在终点附近等咱们。这既是好事又是坏事，好是因为我们肯定能做到，坏是因为全人类层面的屏障就在眼前。

而且美国的研发体系有个特点：政府主导的研发占小部分（主要是各研究所和大学），大部分研发是工业界自己进行，各家公司根据各自的需求决定研究方向，尤其是大公司，比如苹果和波音，都有巨大的研发团队。

这种模式曾经发挥过巨大的力量。因为企业自己在市场上摸爬滚打，知道市场最需要什么，所以它们要牵头做研发，这样将来产品到了市场上才能卖得出去，资金才能回笼，下一轮研发才能开启，从而完成一个正反馈。而国家在基础科学，或者一些非常复杂又不太盈利的课题上发力。

这一点我国也一样，就拿腾讯来说，且不论它拥有巨大的研发团队改进产品，它这些年在科技上的投入也非常大，腾讯的"科学探索奖"，前期就投入了10亿元启动资金，2020年获奖的50位青年科学家每人将在未来5年内获得腾讯基金会总计300万元的奖金，并且可以自由支配这笔奖金。希望其他公司也能把这件事做起来。

这种从企业到国家主导的科研方式，就是一般说的"自下而上"。我还在研究所搞科研的那几年，我国也提出了

"产学研"。这个概念直观的意思就是企业、大学和研究所要加强合作。在 2018 年全球各国 R&D 支出排名中，我国在科研上的投资已经仅次于美国了，但美国在科研方面的投资超过了中、日两国投资的总和，领先地位依旧很明显。用一个美国人的话说，"美国这个国家一直都是一群天才带着一群白痴"，大家千万不要被他们最近的惊人操作给迷惑了，接下来道阻且长。

我国在有些领域已经在向尖端冲刺。《日本经济新闻》在 2020 年 1 月 3 日连发了三篇文章，他们发现在 30 项前端技术中，中国在 23 项中占据首位，如钙钛矿、单原子层、钠离子电池等；美国拿下 7 个第一；日本未有斩获。

也就是说，在有些领域，美国虽然依旧占据优势地位，但是我国目前的成绩也很亮眼。

此外，跟美国相比，我国还有一个巨大的优势——研发成本较低。不过这一优势给人的感觉是我们的人力不如西方的人力值钱，非常让人伤感。

比如我认识一个在思科做管理的小伙伴，几年前他的团队的规模和我这边的差不多，员工水平他那边还不如我这边（相同的一个功能，我们解决了，他们没解决）。我俩讨论了下，大概估算美国那边的成本折算下来要比中国高四倍以上，如果把加班也算上，这个差距大得没谱儿了。

我隐隐约约有种感觉，美国在科技上的投入比中国多一倍，可能到最后被人力成本给抵消得差不多了。

现在加班、成本低这类话题不太能提，但后发国家确实没什么别的办法，技术不行只能靠体力补，用一代人的努力把技术水平提上来，让后代子孙活得轻松一些。

大家肯定纳闷，同样端个盘子洗个碗，在西方怎么能比在中国多赚那么多？我去了一趟一下子就明白了，说白了，就是美国精英搞出来的高端技术从全世界赚到了钱，他们花出去的钱多，给他们提供服务的人赚得也多。所以，我一直觉得各国在发展过程中没有轻松的，大家看看日本、韩国的发展历史就知道。不过现在有不少企业明显是滥用"996"，很多工作根本没有必要，也绝对不应该强制执行这种工作制。

美国现在有个趋势越来越明显，即金融资本对"快钱"越来越迷恋。这倒也正常，毕竟技术进步的主要动力就是利润和战争。

资本研发技术的目的也是增值，如果有更好更快的赚钱地方，他们才不会去折腾技术，毕竟技术研发周期太长，前景不明，收益也不稳定，哪有搞金融赚快钱过瘾。

这些年金融资本最爱的事其实是变成国际游资，去放高利贷或者去资本互炒，毕竟这些事来钱快。这也是为什么我国一直对金融管制得这么严格，就是为了防止科技还没上来，资金就被用去放高利贷了。资本不关心社会价值，只在意是否能快速获取收益。

最明显的例子就是波音，波音是美国工业王冠上的明珠，这两年发展疲软了，究其原因，是波音在研发上投入太低，业务大量外包，把钱都花在回购股票拉高股价讨好股东上了。美国很多企业现在都有这个问题，既值得我们深思，又值得我们警惕。

我查了下《2019 年全国科技经费投入统计公报》，发现我国政府和企业的比例差不多也在 2 ∶ 8。这个投资非常关键，我举个例子大家就知道了：在咱们国家还没研发成功心脏支架的时候，国外企业要多少我们就得给多少，毕竟是关乎性命的医疗产品。但是一旦技术研发成功，国产能够替代进口，心脏支架直接从一万多元跌到了几百元。其他很多产品也一样，人家就是欺负我们生产不了，要多少钱我们都只能接受。

所以说技术突破这事本身不仅仅关乎技术，更是攸关性命的事，价格越便宜，就越能救下更多的人。我看新闻说我国马上要迎来一个心脏手术高峰，说明很多人需要做心脏手术，由于之前心脏支架太贵一直没做。

其他领域也一样，在成果研发出来之前不仅是人家要多少你得给多少，你还得看对方的脸色。

还是希望其他公司能够像腾讯一样，一方面在自己的行业里做到领先，最好能到海外开疆拓土；另一方面承担起社会责任，加大科研投资力度。

毕竟避开内部竞争比较好的出路，一是提升科技水准，二是向海外拓展。

看了"腾讯科学 WE 大会"的直播，我有个明显的感觉，现在好多研发真的非常烧钱，投资这些研发，各国和参与的那些公司真的需要有巨大的决心才行。

有人写文章说在芯片问题上要慎重，言外之意依旧是造不如买。其实放到十年前，他们的这种说法显然没什么问题，而且各国各立山头确实是效率最高的选择。

不过过去这几年的情况已经让大家逐渐认清，"科技无国界"本来就是一句空话，只有当我们自己拥有了某项技术，或者拥有了替代品，我们才能够挺起腰杆说话，不然随时会被扼住喉咙。

我当初刚参加工作的时候，听一个做语音识别的技术专家的讲座，那时候中国在这方面还是很弱的，他说看到差距心里不爽是正常的，不过也应该庆幸，因为这说明还有可做的事，正好是成就功与名的机会。如今那位专家已经做到这方面某家知名企业的高管了，那家企业也走到业界领先的水平了。

我国现在已经有了全产业门类，只要企业和国家专注技术投入和提升，先个别领域领先，再少数领域领先，然后多数领域领先，再向尖端冲刺，持续发力，未来可期。

CHAPTER 5

立足当下，
看清
未来发展趋势

为了提高效率和公平，
近几年越来越明显的发展趋势

最近有点想法，想跟大家分享下。这里谈的这几条，即使不在近期发生，趋势也几乎不可避免。

无奈的选择

如果大家是在最近几年刚参加工作的，可能对猝死这件事感受不强烈，而像我这种参加工作十几年的人，就明显感觉到风向变了。

在我刚毕业那会儿，人力部门在招聘时公然问：我们那里往死里加班，你能加班不？所以那几年猝死的事虽然时有发生，但很难引发类似 2021 年年初某购物平台那样的轩然大波。

同样地，近两年出现了一大堆新词，什么"内卷""后浪""打工人"，不知道大家注意到没有，网络上对这类问题的反响越来越大。

仔细想想，其实这都是人们意识和社会层面整体转型的过程，社会正在从无规则自由竞争向"公平"转换。以前是洪荒状态，需要开拓者。为了激励他们，条件是无规则、高收益，赚到就是你的。

把这个逻辑扩展下，扩展到现在的猝死问题，大家就能发现，其实是一码事。

企业是社会发展的动力，但是如果完全不设限，它们什么事都干得出来，毕竟很多企业都以逐利为主。打工人被 KPI 给约束着，职业经理人也有自己的盈利目标，在目标面前，道德规则都被弱化了。

各地这种魔幻事情非常多，事实上再过十几年，回头看现在整个互联网行业的"996"，可能也觉得魔幻。不过那些年中国缺的是效率，缺的是一日千里。一万年太久，只争朝夕，恨不得在几年内就赶上西方上百年发展的进度。

在这种情况下，只能尽量把资源集中到那些强人手里，让他们肆意发挥。事实上，你甚至不需要"赋予"，自由竞争那么一段时间，最后的稳定状态就是一小部分人拿走了大部分资源。

这样发展到一定程度，如果不加约束，财富几乎会不可逆地流向一些人，经济好的时候富人们大赚，经济不好的时候他们赚得更多。

比如有报道称，美国的富人自新冠疫情暴发以来资产大增值，前 650 人掌握了 4 万亿美元的财富，8 个月时间总计增长 33% 以上，是底部 1.6 亿人持有财富的两倍。目前，美国最富的 650 位亿万富翁总财富有 4 万亿美元，较 2019 年 3 月份激增了 1 万亿美元。

社会反思

这两年能明显看出来，社会开始重新反思，尤其是年轻人们开始反思。反思的声音越来越大，在这两年彻底形成气候，舆论开始大反转。

如果放在以前，有人可能会说中国人仇富。但其实这两年目睹了美国人的表演，大家也看出来了，其实哪儿都差不多，并且欧美那边的麻烦更大一些。

甚至拜登上台后，列了七个政府工作目标，其中就有弥合社会矛盾——地主家也碰上麻烦了。大家没法一直容忍一贫如洗，也没法一直容忍巨大的贫富差距和毫无希望翻身的社会现实。

这几年我有个感觉，不知道准不准，现在做电商的说马云好的越来越少，主要是那个直通车越来越贵，很多企业每年赚的钱，基本都交了直通车，但是如果不买直通车的流量，最后也赚不到钱。有种感觉，电商消灭了一部分中间商，自己做上了中间商；消灭了一部分线下房东，自己做上了线上房东。

这玩意儿的本质是房东们集中到一个公司名下了。

当然了，我们在这里不是讨论对错，我们讨论的是一个社会现实。对于现实来说，对错并不重要。我看一些自由派知识分子骂老百姓无知，说老百姓缺乏他们那种先进的商业精神。这就好像说你掉进了一个坑，你得自己想办法爬出去，而不是破口大骂这个坑的存在有问题一样。

现在的现实就是全世界都掉进了这个大坑，几乎没有一个国家的老百姓对这事满意的，并且在互联网的推波助澜下，人们的怨气更加巨大。达利欧去年连续写了几篇文章总结过去几百年的历史，其中提到，过度消费与借贷、财富和政治鸿沟扩大之后，如果稍有不慎，它的内部紧张局势可能会从可控走向革命或内战。

从第二次世界大战后至今，世界经历了七十多年的总体和平，局部战争的态势，以至于大家忘了一件事，在整个人类历史上，战争和动荡是常态，现在这种稳定和繁荣反而不是，达利欧的话也不完全是危言耸听。

以前中国有不少知识分子笑话欧洲搞福利养懒人（我也笑话过），但这几年慢慢了解了，那些国家并不是天生爱折腾这个，而是社会发展到一定程度，社会矛盾太大，只能想办法减少内部冲突，缓解矛盾。欧洲在过去几百年中走在世界的前边，所以提前走到了那个状态。

其他国家迟早也会面临冲突激化的情况，需要大家都去思考怎么解决。尤其现在的形势又大不一样，网络会无限放大情绪。比如大家听说什么郁闷的事，本来以为只有自己一个人郁闷，现在上网一看，发现很多人都在谈论这件事，很多人跟自己的想法差不多，郁闷就可能变成愤怒，稍加煽动，愤怒就会变成暴乱，比如"阿拉伯之春"。美国前段时间的黑人"零元购"，暴民冲击国会山，本质都是网络放大情绪后演变成了线下冲突。

没有网络的话，很多时候大家都不太明白自己的社会定位。比如美国人，他们发现工作不好找，如果放在以前，肯定会首先从自己身上找问题；现在有了网络，他们发现不只是自己有类似问题，从而意识到这是全社会的问题，在这种情况下被人一煽动，怒火顿时就上来了。

不过从现在的情况来看，单纯的福利社会并不是彻底的解决方案。欧洲那边也有不少麻烦，比如欧洲科技在20世纪八九十年代之后基本陷入了停滞，税收太重，大量富豪出逃等，这也非常值得大家深思。

还有日本，有个很奇怪的事。几年前我跟日本一家公司的客户打了很长时间交道，他突然说他要离职了，今后没法合作了。我非常纳闷，说：你们日本人不是不跳槽吗？老板也不随便开除人，你这一把年纪了，怎么这么激进，还学上小年青了？

他说我说对了一半，日本是不会随便开除员工，所以很多企业都用高工资养着一群老人（日本有个奇怪的事，有些老人特别有钱，但同时开出租车的、便利店里打工的，也有很多是老人，日本的老人财富分化也很严重）。

为了避免将来养一堆老人，很多企业不愿意随便雇人，毕竟一旦雇了将来不好开除，所以企业选择大量录用非正式员工，就跟我们这边的"外包人员"似的（现在我国大公司也在大量使用外包人员）。

他们这些非正式的员工平时和正式员工没差别，但稍微有点风吹草动，就会首先被辞退。我这个合作客户的起点出了问题，从大学毕业一直是非正式员工，现在很为未来担忧。

日本现在消费低迷，负利率，社会一片死气沉沉，有种说法认为，如果控制不好，东亚国家都会相继陷入日本那种状态。日本是高位横盘，其他国家可能没到高位就横了。

对未来的一些思考

那将来怎么办？

其实我也不知道。我现在想到这么几点，可以作为底线来思考。

首先，各个阶层承担的义务应该是接近或者相同的，避免

搭便车。我们知道，全世界的纳税主力都是中产阶层，因为收富人的税非常难。

但一件事很难，不代表就不去做。如果一个人总是挑生活中容易的事来做，用不了几年就会变成一个废物。一个机构或者组织也是一样，更得去做艰难的事。

如果有些税比较难收，就不去收了，专心收好收的，这其实就是一种不平等，最后变成谁守法就欺负谁。

可能有人要问：如果收富人的税他们跑国外去怎么办？多简单的事，如果你征税征到别人根本一毛钱都赚不到，那人家可能就要走了；如果别人赚到的钱大头能自己留着，跑了就是损失，他为什么要跑？

此外，核心地段的房价直入云霄，为什么能这么高呢？难道是因为这些房子的砖里都掺了金子？当然不是了，是因为那些地方周围往往有最好的基础设施，医院、商场、娱乐设施、学校等，有了这些配套设施，房价不但高，还会继续涨。

那问题来了，这些设施是拿谁的钱建的？当然是国家财政的公共开支。虽然是公共的，但便利主要被周围的住户占了，甚至推高周围房价的收益也被这些住户独占了，这合适吗？

大家都应该思考下这类问题。很多问题都是先有共识，然后才会有进步。共识就是力量。

其次，降低贫富差距本身不是个道德问题，而是个经济

问题。

现在形势已经很明显了，接下来我国肯定是以内需为主。如果贫富差距太大，少数人控制太多财富，剩下的人没钱，自然没法去消费，也就谈不上拉动内需。

毕竟有钱人很少会买国产车，也很少会消费国产便宜些的衣服，大部分钱都用来购买海外奢侈品。酒是个例外，所以大家批评茅台也不太合适，有钱人不消费茅台就会去消费那些贵得没谱儿的洋酒，消费茅台反而是肉烂在锅里，而且茅台看着贵，跟那些洋酒比起来还差得远。

而且，由于收入曲线影响，收入越高的人，其实日常开支在收入中所占的比例可能是越低的，剩下的收入都用来投资，购买资产什么的，反倒是进一步推高了资产的价格。也就是说，他们的钱对内需提振影响非常小。

反而是普通人构成了消费主体，消费的也是我国生产的东西。我国现状是奢侈品消费世界第一，同时消费品市场却极度依赖海外，说明有钱人大量在海外消费，普通人的消费力却没那么大，尽管外贸依存度已经下降，但是依旧太过依赖海外。

此外，包括那些以平等著称的北欧国家，初次分配也没有多公平的，它们也是通过二次分配才压低了基尼系数。只是它们压得有点太低了，反而在一定程度上影响了社会活跃度。

不过最重要的，还是"发展的机会"。

有人认为：

社会财富归根结底都是人创造的；

一个自由的人创造力才能充分发挥；

每个人的自由发展是一切人自由发展的条件；

很多人不是没才能，而是太穷，束缚了自由，没自由就没法发展，只能一辈子当生产线工人，自然就不能去发挥天赋，比如做画家、小说家、物理学家；

一个贫穷的社会会束缚所有人的自由，有贫富差距的社会会限制大部分人的自由，也就会限制社会财富，注定是没前途的。

贫穷最大的问题不单单是贫穷本身，而在于贫穷会束缚创造力。 在这种情况下，大多数人的天赋也就发挥不出来，既没法创造财富改变自己，也没法影响周围人的生活。

正因如此，所以"扶贫"是一件意义深远、怎么夸都不为过的事。

抛开高大上的词汇不谈，扶贫工作最大的好处是通过一定的投资，让贫困地区的经济转起来，即把各地的禀赋利用起来，毕竟种地、养殖、旅游、光伏，总有一个能搞出点名堂来。修一条公路，或许当地经济就能被激活；修座水库，或许就能出来千亩农田。"扶贫"能把基层贫困群众从坑里拉出来，释放生产力。

而且通过搞经济，把相关经济运转知识和外部世界的模样传递到贫困地区，这样扶贫就是一只看得见的手，把他们捞出来，不至于被整个社会越甩越远。

这也是为什么当美国《纽约时报》说中国花了 7000 亿元搞扶贫不太划算的时候，下边一群美国人说：人家中国帮贫困人口脱贫不划算，我们把钱给军火商然后把别的国家炸个稀烂就划算了？这就叫公道自在人心。

这也是我强烈支持扶贫的原因，长期来看这事功德无量。

2020 年发生了一件事，长期来看可能影响深远——中国发行了一批负利率国债，被欧洲疯抢了。

所以，大家在说"没有好的投资机会"的时候，多想想现在是"负利率时代"，投资机会本来就变得稀缺，全球范围内的增长时代要结束了，今后就是"微增长"时代，很多之前没注意到的矛盾都会被激活，"公平"的呼声今后肯定会越来越高。

不过这也不是坏事，如果协调好了，效率和公平本身并不矛盾，正如我在上文说的，降低贫富差距，提高基层收入，本身就是在提振内需，调和社会矛盾，这本身就是一件能让各方都受益的事。

为什么说电动车是我们的未来

我从几年前就一直觉得电动车是汽车行业的未来，当时为了表示态度坚决，还买了一些电动车的股票，持了三年，现在都涨了很多。慢慢地，"电动车是未来"这个想法会越来越普及，并形成共识，最终席卷社会。

当然了，几年前我聊这件事的时候，不少人反对，说我胡说，电动车不是未来主流。现在再提，也有人反对，不过已经寥寥无几了，毕竟现实已经很明显了，反对的声音越来越小。

可能大家要问了，这里的"未来"到底是多远，五十年还是一百年？没那么远，顶多十年八年。我为什么能这么确定呢？因为中国需要它，世界也需要它。

"托卡马克之父"阿齐莫维奇说过一句话，当人类需要可控核聚变的时候，可控核聚变就会成为现实。电动车也一样，当大家迫切需要它的时候，就会拼命研发，很快也就出成果了。

那么问题来了，为什么我们这么需要电动车呢？

发展电动车成了共识

首先，我们一直以来有个显而易见的问题——对海外石油依存度较高，虽然一直说要降低对海外石油的依赖度，但是往往事与愿违。

原因也不复杂。随着中国经济持续发力，工厂开工、老百姓开车，都需要大量的油料。而随着中国汽车保有量位居世界第一——是的，你没看错，中国汽车保有量确实位居世界第一了，对石油的依赖度已经打破"十二五"规划的红线，冲到了 70% 红线以上。

依赖石油倒也没啥事，但是不能依赖得太严重，这样容易陷入被动的局面，也就处在了危机之中。有些东西我们可以不用，但得有后手，防止别人借那些东西来整我们，毕竟这个世界的本质还是丛林社会，傻白甜基本没什么活路。

我们知道，曾经有国家把自己的命脉押在了石油出口上，所以油价下降，该国顿时外汇不足，日常物资补充不上来，到处排长队，民心动摇，很快就崩了。

所以我们必须在替代品上下巨大的功夫，这也是我国大力抓住"可控核聚变"的科技点的原因，并且已经着手在全世界布局稀土金属矿，因为无论是现在电动车的电池，还是将来的核聚变原料，都需要大量的锂和稀土金属（电动车的发动机要用稀土金属，核聚变原料"氚"的合成要用到锂）。我国缺石油，但是不太缺稀土和锂。一旦可控核聚变实现，人类慢慢会摆脱石油依赖，但是需要大量氦和稀土，非洲将会取代中东成为地球上最富的地区。现在大家是不是有点明白了布局非洲这事并不简单？而且非洲还有超大型铁矿，我国也在那里有投资，将来可以摆脱对澳大利亚铁矿的依赖。如果中国实现汽车完全电动化，就可以大幅降低对石油的依赖，因为石油只能从沙特和俄罗斯那么几个国家往中国运。电力的来源途径就比较广泛了，比如光伏、水电、风电和核电，中国巨大的西部腹地也就有了用武之地。

现在搞光伏的隆基股份的股价已经涨上天了，给它供应部件的几个厂家的股票也涨上天了；还有企业家筹了33亿元在搞光伏玻璃。大家都看出来了，光伏将来发展会越来越猛。中国在发展光伏方面有优势，我们有大量的高原地区，甘肃、内蒙古、新疆等地，千里无人烟，正好搞光伏。还有青海格尔木的光能电塔，等等。

而欧美一些大企业这两年也在大力开发电动车，不少国家已经出台了时间表，要彻底停了燃油车，因为它们有个"环保"的神话。中国企业目前对环保感受还不深，但欧美那些大企业是很认真的，一点都不开玩笑，就跟中国人面对"落后就要挨打"时一样严肃，甚至丰田的崛起也跟它的环保意识有关。

就这样，全世界形成了要发展电动车的共识。

我们必须在传统汽车工业之外找机会

上文提到了，我们现在的汽车保有量位居世界第一，但是很多时候是"为别人做嫁衣"，每生产一辆汽车，国外企业就赚一次钱。道理不复杂，因为燃油车的发动机和变速箱有接近天际的技术堡垒，我们突破困难，各种技术专利也都是别人的。在燃油车领域，我们就像长工似的，累死累活搞生产，最后大头让欧美赚了。这里说的"燃油发动机、变速箱突破不了"，不是说研发不出来，而是说不给我们研发机会。任何产品在研发初期花费都比较高昂，大家回忆下前几年电动车的价格就能明白，特斯拉刚出来那会儿，续航只有 300 千米，售价却要 10 万美元。燃油发动机也一样，如果我们自己研发，刚开始肯定是一个质次价高的产品，大家不买，企业回笼不了资金，没法改进，也就没法继续突破，永远落后于人家发展了上百年的那些发动机。更重要的是，人家已经用专利把几乎所有可行的路都封死了。其实发动机还好，我国在柴油机上多少有点地位，变速箱就基本无解了，复杂到了极点。

我们前期走了一些"技术换市场"的弯路，滋生出一堆躺在那里等技术的寄生虫——市场交出去了，技术却没发展起来。所以现在发展电动车，就有先天优势，毕竟电动车大家都处于相同起点，我们在尝试，国外也在尝试。专利也都处于空白状态，现在那些很贵的部件，大家一样贵，一样要改进，燃油车非常复杂的变速箱直接废弃不用了。

而且中国市场大，买电动车的人多，只要能卖出去，企业就可以不断改进研发。比如 1966 年出生的王传福，大学学的是冶金物理化学，1995 年下海创业，开始研发电池，不仅一直没被西方甩开，还很快就成了业界领头羊。如果他当时去研发燃油发动机，就很难做到业界领先水平，因为壁垒太高了。这里还得介绍一个东西，叫"工业学习曲线"，意思是生产得越多，成本就越低。电池、电动车和充电桩都是这样。

正如大家学习什么东西，用得越频繁，掌握得也就越熟练，越不需要用脑子就可以做。比如我们吃饭不用考虑如何使用筷子，高级工程师写复杂的算法也跟我们吃饭似的，谈笑风生间就可以写出别人看一个星期都不太懂的东西（这个不是瞎说，而是软件大神的常规操作）。从这个意义上讲，现在大家说的那些问题，什么电池续航、单价太高，本质都是"生产得太少"，只要生产得多、卖得多，市场规模足够大，就会激励更多的人才去解决复杂问题。举一个简单的例子，我们前文说过，电动车最大的成本在电池，随着电池的不断改进和发展，电池这些年的价格走势是怎样的呢？十年暴跌了近90%！接下来这十年还会继续跌。

现在看着很复杂的问题，会吸引一大群天才去攻关，可能很快就被解决了，在科技领域，这叫"对人不对事"。同样的问题，一批人可能死活解决不了，换个人立刻就解决了。这也是硅谷和华尔街都愿意给大神级人物开出天价薪水的原因。我国也有年入上亿元的产品经理，"一人顶一千"这种情况在科技行业比比皆是。所以大家不要担心电动车那些固有问题得不到解决，只要市场规模不断扩大，迟早会得到解决。

几年前有个同事重仓电动车股票，他说了一件事：如果你相信电动车是未来，那就不用担心那些乱七八糟的问题，每个问题都会开出赏格让天才去解决，所有问题都会被攻克，我们只需要相信这一点就可以了。如今他靠这个理念基本实现财务自由了。

所以我现在每次看到有些媒体感慨"电动车很难解决×××问题"时就感觉：拜托，你眼里的困难是别人眼里的悬赏令，到边上去感慨，不要挡了别人的路。我们一定要有个常识，在自由市场里，需求是第一位的。只要有人肯花钱购买，任何困难都会被解决。这是企业的一个机会，用自己的市场培养自己的车企和供应链，这将是百年难得一见的机会，如果这次错过了，那就再等一百年吧。在这次电动车发展的大潮中，比亚迪让我比较吃惊。我们知道，电动车比燃油车简单得多，就那么几部分，电池（电池成本占到 40%）、电机、电控。比亚迪在电池方面一直都保持在世界前三的水平，毕竟是做电池起家的，那个电控，比亚迪现在也完全做到了不再依赖海外进口。

你可以说比亚迪做得不够完美，但没法否认它是国内汽车领域投入研发最认真的公司，也是目前为止取得成就最高的公司。毫不夸张地说，在百年的汽车产业历史里，几乎没有其他中国企业达到过比亚迪现在的高度。

自动驾驶和电动车是天生一对

除了上文说的，我一直还有个感觉，好像自动驾驶跟电动车一直都在一起提，是不是它俩之间有什么千丝万缕的联系？

这段时间我专门问了一个师兄，他是国内的自动驾驶算法大牛，他给我解释了下。他说因为现在的主流自动驾驶测试主要是在燃油车上，不过他们业界一直觉得，将来跟自动驾驶结合得最好的，或者说跟软件结合得最好的，应该就是电动车。

这个问题倒也不复杂。电动车是靠电来控制电机的，整体结构比燃油车简单得多，精细化操作和响应方面比燃油车要强太多。如果说燃油车的控制精度是个普通尺子，那电动车就是一个游标卡尺，非常精细，反应也快得多，天生适合软件控制。有种说法说电动车的响应速度是燃油车的十倍，天生跟软件搭。

现在软件和车结合得还不太明显，但用不了几年，一辆车就跟一部手机似的，嵌入了无数的代码和其他模块，而且这些模块都需要大量的电力，所以电动车天生适合"模块化"。

从这个意义上讲，未来的电动车跟传统车最大的差别是模块化可编程。如果说传统燃油车是个诺基亚塞班系统，那电动车就是苹果系统，似乎塞班系统的高端手机也跟苹果手机有点像，但又完全不是一个物种。

将来大家慢慢会发现，电动车与其说是车，其实更像一部智能手机。它扩展出来的东西会越来越多，车的属性反而会被淡化，正如手机的通话功能已经被淡化一样。这也是为什么那几个做智能手机的巨头也要研发电动车——从基因上讲，它们跟电动车的血缘关系比传统燃油车的公司近得多，特斯拉诞生于硅谷，而不是汽车制造业的传统中心底特律，就是这个原因。

大家看特斯拉就能看出来，特斯拉卖车就跟不准备赚钱似的。它确实不准备靠卖车赚钱，它是要赚软件包的钱，这就非常像苹果了。而且大家注意下，现在纯硬件公司的股价都低得可怜，未来的趋势是送硬件，卖软件和广告。换句话说，产品甚至可以免费，用户就是他们的产品。

说到这里，大家可能有个疑问：我国引入了特斯拉，会不会影响我国的企业？直接说结论，演化几年后，最终会形成一种均衡格局，有一家或几家企业特别大，还有几家小的。其实看看手机市场就知道了，苹果再厉害，还是有很多人不喜欢它，只用安卓；丰田再厉害，还有一堆其他车处于各种生态位。因为你不可能打动所有人，你也不可能占据所有生态位。

消费品市场跟社交软件不一样，社交软件是高度趋同的。比如你自己装一个奇怪的 app，最后你和谁都联系不上，因为别人没有装，你只能装回大家都在用的那几个。但消费品市场不存在这个问题，总会形成一个多强并立的格局。

而且电动车市场发展起来后，会带动其他一大堆边缘系统，比如华为这两年在搞的那个激光雷达，华为以前搞通信的时候对光电技术研究很深，现在自动驾驶领域有了需求，花时间做了一番改进，通信领域和汽车就联系到一起去了。所以，只要中国控制住产业链，那挑战者和竞争者肯定出在中国，还有周边配套也都在中国。

很多事情都是经过漫长的积累，然后一飞冲天的，前期发展是线性的，后期发展是指数级的。无论是产业还是技术，都是到了一定程度就会发生一次翻天覆地的巨大变化。 电动车其实也一样，经历了前些年的漫长积累，眼瞅着现在到了质变期，市场和技术的爆发就在眼前。

还是希望我国的企业这次争点气，拿出赚慢钱的定力来，专心投入研发。现在形势也很明显了，着急赚快钱，不专心搞技术的，很快就会被踢出去，连慢钱都没的赚。

比如这段时间又传出，国外因为疫情影响，汽车芯片生产受到重创，随后影响就蔓延到了国内的汽车生产行业，现在我国汽车行业也出现了芯片短缺的情况。

每辆智能新能源车上都有上百枚芯片，关键领域芯片，比如感知、控制、计算、安全等，几乎全部被国外企业垄断，中国企业的自主研发率不到 5%。在这种情况下，不但钱被国外企业赚了，而且一旦它们断供，中国企业就跟着出现产能崩溃。

不过唯一亮眼的又是比亚迪，因为它从 2002 年开始就在这方面进行研发，现在在相关领域已经掌握了全套的设计和制造技术，基本不再依赖海外。希望我国的其他领域和企业也能够走出自己的路，不再被人卡脖子，也不要给别人做长工。

被热议的"内循环"到底是什么

开启这个话题前,我们得先了解一个关键问题:到底什么是"过剩"?

当前全世界都面临一个难题,就是产能太强,生产出来的东西卖不出去,产能天天过剩。产能过剩导致了一系列问题,甚至资本主义世界周期性的危机,本质也是周期性过剩。这可能和大部分人的直觉反差很大,因为大家一般觉得东西不够才会出现危机,生产太多怎么会出现危机呢?

躲不开的"过剩"

首先大家得搞清楚一个关键问题,这也是我经常引用的一句话:你希望有五个老婆,这叫需要;但是你只养得起一个,这叫"有效需求"。

同理,老王想要苹果全家桶,BBA(奔驰、宝马以及奥迪)各来一辆,两个超模保姆,大平层,大天米其林,各种潮鞋,天天逛两趟SKP(高档百货商场)。

但是上边说的这些老王都负担不起，只买得起小米手机，那他的需求就只是小米手机。在市场经济的话语体系里，如果"买不起"，那你就只能低调些。

产能也一样，看着似乎是天量的，但如果大家都买不起，或者其他原因导致不需要这些东西，那就是产能过剩。

不过，这样一来问题变得更加奇怪了，能生产出来，怎么就卖不出去呢？

有很多种原因，最关键的是下边这个。我们将一遍在资本主义世界里的一个标准生产流程，大家就知道是什么原因了。

假设地球是一个村，里边有资本家黄四郎和一堆村民。黄四郎有个厂子，他雇用村民们生产自行车、脸盆，建造房子等生活必需品，将来卖给村民。

如果这些商品价值100万元，这时候就有个分配问题，如果黄四郎自己拿20万元，给员工们分80万元，合理吧。

合理是合理，不过问题来了。员工们的80万元无论如何也买不完黄四郎100万元的产品，而黄四郎也不可能把自己的20万元全花掉，富人在消费品领域的消费比例一直都不高，他们看着花钱猛，但是消费占收入的比例可能远远小于穷人。

也就是说，最后剩了20万元的产品无论如何都卖不出去。你可能会纳闷：就不能给工人们发110万元的工资吗？当然不能！如果给工人发110万元的工资，那资本家赚什么？

所以说，只要商人逐利，就会有一部分收益不被用于消费，就有一部分对应物资卖不出去。这就是过剩。

从英国引爆了工业革命那一刻开始，这个问题就如影随形。英国人用蒸汽机生产了天量的物资，各种床单、被套、刀子、叉子、毛绒玩具等，但是英国本国工人的工资非常低，无论如何也消费不了那么多的物资，富人又不可能把赚到的钱全花了，所以多余的工业品卖不出去就成了个大问题。那怎么办？

只能卖到海外去。现在大家知道为什么英国拼了命地在全世界找市场了吧？为了打开大清的市场，英国不惜跋山涉水远渡重洋，发动两次鸦片战争侵略中国。

因为只要资源足够，英国人生产工业品的潜能是无限的，最麻烦的问题就是卖不出去。这也是英国打下印度后，一下子变得很厉害的原因，因为印度既是英国的原料产地，又是英国的工业品倾销地，一举两得。等到印度不再跟着英国混，英国也就现了原形，变回小岛国去了。

既然每个国家都面临过剩问题，如果把整个世界理解成一个村，最后总会有那么一刻，村里所有人的购买力也买不完工业品。所以产能过剩，东西卖不出去，厂子倒闭，工人们更没钱，更没法消费，然后就全球经济危机了。

那有办法解决吗？

也不是没有。美国人想出来给普通老百姓贷款，让他们借钱去消费。好处是危机被延缓了，问题是出现了新的更大的危机，大家借钱太多还不上，引发了金融危机（2008 年金融危机）。

按照这个逻辑往下聊，大家就能发现一个关键问题：就算有外部市场，产能依旧迟早会过剩；完全"内循环"，也容易出现问题。

我们显然知道这个道理，所以我们的原话是"经济内循环为主、双循环促进发展的新格局"。也就是说，外部市场不能没有，但我国长期太过依赖外部市场，今后也要提升内部市场地位了。

什么是内循环？

其实直接解释内循环没什么意思，我举几个例子，大家就知道了。先说一个不是内循环的例子，也就是第二次世界大战前的德国。

德国在第一次世界大战中伤了元气，欠了一屁股债，日子也没法过了。尽管工厂什么的还在，但政府没钱去买原料。工厂开不了工，工人没工资，市场循环不起来，整个国家越来越颓废。不过好在美国人来了。美国人给了德国大笔贷款，于是德国工厂有钱买原料了，重新开工了，然后生产出来的东西一部分德国人用，剩下的大部分卖到了美国。

这种情况下的德国，就是典型的外向型经济体，生产的东西主要卖到海外。

随后 1929 年经济危机爆发，德国出事了。因为美国那边也大规模破产，美国人没钱买德国的东西，德国工厂也跟着没法开工了。德国大量的工人失业，绝望之下，把希特勒推上了总理之位。

希特勒当时想出来的一个策略就是扩大军工。国家发行国债，把筹到的钱投资给军队，让军队去向企业订货，这样空闲产能就被调动了起来。扩军倒也不稀奇，全世界都在扩军，而且这正是凯恩斯经济学的精髓。问题是钱从哪儿来？希特勒也有办法，不是已经扩军了嘛，枪在手，随后的事大家都知道了，先打劫了捷克，然后是波兰，然后法国、苏联。

大家看出来了吧，德国就是个典型的"外部循环"的国家。生产出来的东西自己消费不掉，只能卖到海外。一旦海外出事，东西卖不出去，就是大规模失业，一点办法都没有，只能转向军工。武装后的德国战争机器就可以去海外打劫，这样就形成了一个新的"外循环"。

接下来我们说一个接近内循环的例子，就是美国。

美国人很早就意识到了，想可持续发展，关键是搞一个庞大的内部市场，生产出来的东西尽量自己消化，这样才能摆脱对外部市场的依赖。比如福特，它就是这么理解这个问题的。它的员工工资很高，它一度指望自己的员工将来买自己的汽车。

这个想法是好的，但到了实际操作阶段，也就是美国在大萧条爆发前，资本家血腥无比，往死里压缩工人工资，动不动就对要求涨工资的工人进行镇压。而当时的美国政府其实就是资本家的马仔，不仅冷眼旁观，偶尔还帮着资本家镇压工人。美国当时工人的整体工资上不去，自然也买不完本国生产的物资。

当时全世界都指望把自己的商品卖到别的国家去，或者卖到殖民地去。比如，美国当时就热衷于把物资卖给中国，中国的地主们有点积蓄，就很欢乐地购买西洋玩意儿。大家在民国剧里经常能看到的那种绿台灯，就是美国生产的。

在这个背景下，美国其实也有外循环，也需要把生产出来的工业品卖出去。等到全世界所有的市场全部挖掘干净了，资本主义世界天量的工业品也就没地方卖了，又出现了严重的过剩，再加上股市崩溃，引发了美国史上最大规模的大萧条。

我刚才提了，德国正是在这次危机中开始转向军工来吸收产能的，那美国怎么办？

美国和德国的思路有点像，又不完全像。我们教材上说罗斯福搞"以工代赈"，也就是政府借钱搞基建，吸收产能和促进就业。

不过这远远不是罗斯福政策的全部。罗斯福后来被评为美国历史上最伟大的总统，美国人用 FDR 来称呼他，在美国只有那些深受爱戴的人才有这个待遇。如果你以为罗斯福只是搞了点"以工代赈"，那就太肤浅了。

罗斯福真正厉害的地方，在于他很超前地意识到，整个社会如果想稳定运行，必须得搞出一个庞大的中产阶层来。通过提高工人工资和福利保障，把社会从之前的"金字塔"造型变成"橄榄球"造型。

所以在搞基建的过程中，罗斯福大刀阔斧地拆分自由主义时代的那些工业和金融巨头，而且对大企业开始征税，搞转移支付，给工人阶级提供保障，提高工人工资。

当时工人和资本家冲突严重，罗斯福一改以前政府保护资本家的态度，果断地站在工人的一边。在那个著名的《社会保障法》的听证会上，有人高喊这个法案是从《共产党宣言》第十八页逐字抄来的。报纸上说他要把资本家做成烧烤。为了跟资本家对抗，顺便打击黑社会，罗斯福充分向 FBI 授权，也就是从那个时候起，美国 FBI 权势雄起几十年。

1929 年美国经济危机爆发的时候，是国家贫富两极分化最严重的时候，0.1% 的人竟然拿走了全社会 25% 的财富。90% 的人分全社会 16% 的财富，老百姓没钱消费，可不就经济危机了？

但从罗斯福开始，美国出台了一堆法案，致力于缩小贫富差距，通过各种措施来调整收入结构。从那以后，富人的财富占比一路走低，美国慢慢涌现出一个庞大的中产阶层，政府还强制搞养老金，避免民众老无所依，让大家放心消费。这种趋势一直持续到里根上台，美国重新大规模搞自由化，社会越来越分化，到了 2008 年发生了金融危机。

众所周知，国家介入经济发展肯定会影响效率，所以曼昆的那本《经济学原理》上来就聊提高最低工资水平对经济不利。

不过政治家理解问题更加全面一些，因为社会追求的不仅仅是效率。从理论上讲，纯粹的物竞天择的社会效率最高。如果都不去照顾老人，让每个弱者被自发淘汰，效率会更上一层楼，但那样社会很快就会陷入崩溃，更别谈效率了。

事实上，欧洲的福利制度正是起源于革命运动风起云涌的俾斯麦统治时期的德国。俾斯麦搞这套福利制度的初衷就是稳定社会，防止德国社会在一波革命中灰飞烟灭。

不过单纯的分配并不能解决问题，还要把蛋糕持续做大。在这方面，美国其实做得最好的事情是"国转民"。

什么意思呢？

进入 20 世纪之后，明显出现一个问题：技术越来越复杂，难度越来越高，如果私人部门搞研发，就算急死也搞不出多少来。比如影响了整个 20 世纪的几项关键研究，原子能、计算机、互联网和基因工程，都是以国家的力量集合各种资源搞出来的，并不是什么市场经济的伟力。

不过市场经济真正的能力在于把这些技术变得既廉价又平民，让大家都能用上，最后国家通过税收回收了投入，企业通过雇用高收入员工拉高了社会就业率和工人收入，社会效率也得到大幅提高。

美国通过高效运用市场经济规律的一系列操作，成功从巨大的工业国，变为拥有一个巨大内需市场的工业国，实现了真正的内外双循环。

只不过到了新千年之后，问题发生了大变化。大量的美国企业变成了跨国公司，搬到了海外。相应地，美国逐步空心化。这也造成了现在美国社会的极度分裂。

我国的艰难转型

上文说了那么多，其实大家也都看出来了，要把"内循环"也做起来，本身是个系统性工程，非常复杂，而且不是在短期内能搞定的，很可能要到二十年后回头看才能明白现在这个政策的意义——正如现在的房地产政策情况。

为什么说这事复杂呢？

比如，单纯提高工人工资，确实是会增加消费，但会损害我国产品的海外竞争力。如果给企业减税，企业订单没增加，突然账上多了一笔钱，它会给员工涨工资吗？可能会，不过从历史经验来看，企业的第一反应基本都是去买套房囤着，这样反而推高了房地产价格。美国那边减税后会去回购股票，来推高股价。

那如果给中产阶层减税呢？

中产阶层又分成好几等，比如年收入 60 万元以上的也是中产阶层，年收入 5 万元到 10 万元的也是中产阶层（美国那边的定义是滴滴司机就算中产阶层，我国滴滴司机姑且算 5 万元的年收入吧），你给他们减了税，各个阶层反应差别很大。

比如，一个年收入 100 万元的家庭退税 10 万元，这一家子会用多出来的钱去超市里买水果、买衣服增加消费吗？有可能，不过最大的概率可能是去买海外奢侈品，或者直接去海外旅游，钱花到国外去了，成外循环。

你给年收入 30 万元的家庭减税，或者补助，他们有什么反应？会去三亚旅游？买双鞋？给孩子买个玩具？有可能，不过更大的可能是攒着准备买下一套房，毕竟旅游和买玩具他们本来就支付得起，不愿意支付是因为在攒钱买房，买了一套还想再买一套。

如果你给低收入阶层减税，你会惊喜地发现他们并没有交税，有什么可减的？直接发钱？这个倒是也可以，而且他们也很愿意消费，问题是这个操作我们已经在做了，"脱贫攻坚"不就是向下转移嘛。

此外，促进社会保障体系，我国也做了很多年，这个不用我们说也会继续搞下去。

那我们缺了点什么呢？

这一点有关部门也看出来了，正是技术的转换。它们指导投资技术研发，然后将技术成果转给私企来廉价化和市场化，最后涌现出一堆公司。

这一点我们已经有成功经验，比如移动互联网，就是一个典型的"政府搭台，企业唱戏"，并且成熟的"内循环"案例。

不难理解嘛。我们当初投资了一些钱，把中国的移动互联网体系搭了起来，然后一轮又一轮地涌现出了一堆互联网公司。这些互联网公司塑造了中国现在的新面貌，提供了大量的高薪岗位，还创造了一些其他岗位，比如快递员和电商从业者等。

大家要有个常识，一般说的"中产阶层"，是介于穷人和有钱人之间的那些人，所以美国那边开滴滴、修下水道的，都是中产阶层。

在中国，中产阶层大概是年入5万元到100万元的这些人。而且我们刚才也说了，三个年入10万元的人，肯定比一个年入30万元的人对经济循环的贡献大，六个年入5万元的人贡献会更大。所以，扩大中产阶层规模，说的是年入5万元这个层次的中产阶层，不是年入 30 万元的中产阶层。

移动物联网在这方面无疑是做得最好的，也生动地向大家展示了什么叫"技术拉动经济"，创造了几千万个相关岗位。我说一件其他的事，大家感受下移动物联网的广度有多大。

前段时间一个视频博主跟我说，他本来在大城市里上班，有十几万粉丝，后来无意中向大家推了下他们村的手工竹器，现在他们村的手工竹器卖得特别好。以前村里每家每年收入不到一万元，现在已经有三四万元了，后续会更好。这说明技术的创新触手已经伸到了偏远农村。

说到这里，我再总结下，大家应该已经看出来了：**所谓内循环，短期靠转移，长期靠科技。也就是短期靠财政向基层转移财富，提升基层的消费能力，一方面改善民生，另一方面消耗我国的工业品。扶贫攻坚战的意义也正是在这里。**

不过有些人可能觉得这些跟自己关系都不太大，因为自己钱不够。但是，如果你年收入超过 5 万元，你就是成熟的社会人了，不能指望政府帮你做什么了。如果你年收入超过 10万元，那你妥妥的就是社会中坚力量，得承担起义务了，你得想想你能为国家做什么了。至于那些年收入超过 30 万元或者100 万元的人，当然是希望他们想想如何搞点高端项目，让他们想花钱的时候尽量在国内花。

但是这种做法没法从根本上解决问题。最关键的还是需要技术的突破，搞几个新的爆发点出来，像移动物联网一样，催生出一大堆新公司、更多数量的高收入阶层和更大规模的中产阶层，这才是决定性的操作。

至于曾经热议的房价问题，我隐隐约约有种感觉，可以借鉴先进模式。

我以前以为新加坡房价很便宜，去了之后才知道不是那么回事，新加坡政府给大家提供了建得差不多的廉价房，如果你愿意就去那里住着。廉价房旁边就是商品房，特别贵，比北上深都贵，新加坡的有钱人就在那里边住着。

今后是否也可考虑这个路子？关系民生的那部分房价应该会慢慢平复下来，比如二、三、四线城市的非核心区，每年涨幅可能跟通货膨胀差不多。但是还有一部分房产价格会贵到让人怀疑人生，比如一、二线核心区，彻底金融化。不然有钱人的钱去哪儿？全世界都有个共同点，就是一有钱就置豪宅。如果没有高端房产，有钱人就跑去国外置产了，这对我国来说，也是一种财富外流。

而且今后进口替代会进一步加剧。也就是说，一些国外高端奢华大品牌，要慢慢地以国产物品替代。中国工业品尽管发达且门类齐全，但中国有钱人消费的高端物品还是依赖进口，比如好几千元一把的菜刀，两千元一个的珐琅锅，一万多元一顶的帐篷。

最后的目标是：穷人国家补，富人国内花；科技要突破，进口要替代。

所以说，这个过程快不了，只能是慢慢来了，而且机构也只是个导向，通过税收什么的来激励，真正去操作，还得依赖一拨又一拨强人去操作，一般十年一个周期，2010 年的中国和现在完全不一样，不出意外，到了 2030 年又是另一番天地。

内外双循环这种事早就应该做，而且是大方向。发达国家都得有个强大的内部市场来消化产能，不然境外一感冒，境内就没法过日子。

但之前那种"出口导向"有太多的受益者。如果想改变这种导向，平常没法进行操作，只能是在危机时期才能操作，类似美国南北战争之后遭到封锁，才开始被迫发展太平洋航线和国内市场，大萧条爆发后才被迫调整贫富差距。每次经历巨大的危机，大家才会思考怎么避免这类问题，平时根本顾不上，就算有人提出来也会被笑话是"杞人忧天"。

以前对内部市场重视得不够，今后估计要作为国家安全问题来看待了，有点像粮食问题，以前是"人家不卖你粮食怎么办"，现在是"人家不买你工业品怎么办"。

总之，老生常谈的一句话，危机绝对是转机。**肯定是之前的老路走不下去才有了危机，这时候不得不跳出舒适区，去做那些艰难的事，解决复杂问题，这才是进步之源。**

老路走不下去
才有了**危机**。

要跳出舒适区，
去做那些艰难的事。

解决复杂问题，
才是进步之源。

为什么负利率国债有人抢着买

负利率国债本身并不值得聊，因为很简单，但可以借此契机说下我对"负利率时代"和"微增长时代"的看法。

负利率国债

国债好理解，国家需要钱，开了张欠条说是想借钱，你把钱带过去，国家收钱把借条给你。5 年期国债就是 5 年后还你，10 年期国债就是 10 年后还你，而且要支付利息，大概就是这样。那什么是负利率国债呢？一目了然，国家发了 1 万块的债，说是过几年还 9000 块。按理说正常人应该都不会去买，不过现实中不但有人买，而且还被疯抢。2020 年我国给欧洲发了一批利率为 −0.152% 的国债，场面就跟深圳新房开盘似的，迅速被抢光了。那问题来了，欧洲人为什么这么想不开？

并不是欧洲人脑袋不灵光，只是欧洲自有其国情。

欧洲现在是负利率，钱存在银行里要收手续费。说到这里大家可能会纳闷，那就放家里好了，又不是不能放。必须可以啊，德国一度保险箱都卖断货了，老百姓骂骂咧咧就把钱从银行取出来放在家里了。但问题来了，有个几万、几十万可以放在家里；如果账户上有几百亿、几千亿，类似那种养老金、主权基金什么的，多大的保险箱能放下那么多钱？而且那么多钱放家里，是不是得再雇个几百人的安保团队看着这些钱？那不还得花钱嘛，还不如放银行里。问题是放在银行里就得交保管费，大家一权衡，交就交吧，负利率就这么来了。

这次中国发行的国债尽管也是负利率，不过比欧洲的国债利率还是要高那么一丢丢，买哪儿的国债都是赔钱，不如买中国的，还可以少赔点。

更关键的是，现在全世界都在疯狂地发行货币，中国相对来说发的还算少的。而且，随着中国经济的强势复苏，大家都会需要中国的货币跟中国做买卖，人民币像中国的房子一样会升值，欧洲人在对赌人民币升值后他们好套现。这种操作的本质是欧洲人做空欧元。

此外，国债有个"贴现率"的说法。也就是说，你买了一张国债，在到期之前如果急用钱就可以卖掉，这张债券说不定会升值，升值之后就可以卖掉，有时候也能卖个好价钱，甚至赚点钱。

总之，欧洲人买我们的负利率债券不会赔。

但是我今天讲的重点还不是国债，是想跟大家继续分享下负利率情况下会发生些什么。

负利率是怎么形成的

我国很多青年对欧洲和日本非常向往。但从现状来看，它们面临着很多麻烦。最大的麻烦，莫过于在这些国家中，大家既没有消费的意愿，也没有创业的冲动。

日本没有消费冲动主要是老龄化太严重，而且等级森严、流动性极低的社会导致大家都是一副"凑合着过"的模样。用日本人自己的说法，是 20 世纪日本发展经济的速度太快，玩脱了。当初教育下一代用力过猛，疯狂搞军备竞赛，上班太拼命，把年轻人给吓到了，以至于年轻人既不想生孩子，又不想拼命上班。

这种趋势在我国也出现了，一些年轻人奉行"不婚不育主义"，就是日本玩剩下的，核心就是"生活太难了，生孩子干吗"。大家可以留意下。此外还有极简主义，有日本人这样说：极简主义本来就是性冷淡主义。大家仔细体会体会。

至于欧洲，有人说是福利太好了，老百姓失去了奋斗的意义，相当于走到了日本的另一个极端。效果倒是差不多，两边的老百姓都不生孩子，无欲无求。

有孩子的小伙伴都知道，家里花钱的大头永远是孩子，一般成年人花销并不大。像我这样的技术宅男，平时给车加个油，买个电子产品就是全部开销了。电子产品如果没有明显的更新换代，我也不会随便换。

女人们年轻时花钱多，到了三十几岁之后花钱欲望也明显暴跌。

但是有了孩子就不一样了，家长在孩子身上花钱从来都不吝啬，孩子又特别能花钱。以北京为例，上千万元的学区房、非常贵的特长班、每年带孩子去旅游……相比较而言，给孩子买几件名牌衣服反倒花不了几个钱。总之，再有钱的家庭，在孩子培养方面都不够有钱。

或者出现类似智能手机、互联网、自动驾驶这样的黑科技，整个社会更新一批，也能大规模促进消费，进而促进经济发展。

大家想想，十年前智能手机刚出现的时候，全社会都扔掉了可以砸核桃的诺基亚，换上了智能手机，来了一阵消费狂潮。后来移动互联网又来了，又诞生了一堆厉害的公司。不过现在明显减缓了，因为手机没什么新内容可以更新，大家经常一部手机用五六年，不经常更换手机，也就没什么新消费了，手机行业格局也就稳定了。

说到这里，大家明白了吧，经济最终是靠消费带动的，而最终消费的动力主要来自三点：一是孩子，二是年轻的女人，三是技术的更新迭代。

这一连串分析下来，大家就能发现，人口老龄化、孩子越来越少、技术停滞的社会注定是没什么消费能力的。既然消费动力不足，创业积极性也非常差，经济也就好不到哪儿去。

日本自20世纪80年代末期经济泡沫破裂以来，经济增速就非常缓慢。而且大家注意下就能发现，十几年前，身边最好的东西往往都是日本的，索尼的产品在十几年前就很风靡。但现在身边的日本货越来越少，越是年轻人越对日本无感，反倒是三四十岁的老同志们对日本念念不忘，因为老同志们睁眼看世界的时候，正是日本货横扫全世界的时候，于是他们就被打上了思想钢印。

另外，与中国翻天覆地的变化不一样，日本过去30年的变化非常小，并且错过了移动互联网时代，现在也没什么能上榜的日本超级互联网公司。

现在日本人有多佛系呢？其他国家都怕通货膨胀稀释财富，只有日本，政府天天宣传再不买就涨价了，就是要让大家慌，慌了好去消费、去投资，最好能买车、去旅游、去创业，没钱政府贷款给你。

但是大家的心态就像全民进入了贤者模式一样，天天玩极简。恋爱不谈，孩子也不生，政府超发的货币全堆在银行仓库里，老百姓那种状态就好像在说"我都快要断子绝孙了，你跟我聊通货膨胀"。

欧洲也差不多，大家仔细对比就会发现，欧洲和日本殊途同归，现在的状态差不多，大家消费欲望很低，生孩子欲望也不高，创业冲动也马马虎虎，毕竟大家都不花钱，你创业生产出来的东西卖给谁？

最后的结果就是银行想不要利息地借钱给大家，但大家都不要。银行为了逼着大家去花钱，把利率降成了负的，谁要是存钱就收谁管理费。即使在这种情况下，大家依旧不花钱。

大家都不花钱，谁要是创业那就是自掘坟墓，所以也没人贷款创业。欧洲和日本的贷款利率比中国低得多，基本相当于免息借贷，都没人去贷款。

这在中国人看来简直匪夷所思。在中国，大家为了贷款竞争激烈，贷款买房，贷款创业，甚至贷款炒股。也正是因为大家都抢着贷，所以我们的贷款利息还维持高位，大家去深圳、杭州看看那些排大队申请贷款的人，再对比下欧洲、日本的情况，简直不敢相信这是发生在同一个地球上的。

负利率的影响

负利率仅仅是欧洲、日本的事吗？其他国家呢？

从现在的情况来看，负利率就跟个大坑似的，堵在全人类的面前，基本谁都绕不过去。

不过其他国家还跟日本、欧洲不太一样，比如美国，也是饱受货币发行的困扰。我们这些年货币发行得少了，但是美国印的货币大量涌入中国，兑换成人民币，给我们带来不确定性。咱们经常听人说，中国 M2[1] 又扩张了 × × 倍，其实大部分都是从美国来的，美国现在正在向全球范围内输出 M2。

再加上这些年经济不好，为了刺激经济，银行贷了很多钱出来。不过这些钱主要集中在富人手里，他们拿去买房、买资产、买股票什么的，并没有通过做买卖发到基层老百姓手里，所以大家能看到股市、房地产持续走高，超市里的东西价格变化却没那么大。

之前不知道从哪儿流出一句话："富人通胀，穷人通缩。"说的就是这件事。

再加上整体投资机会越来越少，毕竟人们从银行贷款去创业或者干什么，肯定是指望着赚钱的，如果有科技风口、有暴利，那无论贷多少钱都能还回去，并且还能承担高利息。

现在互联网技术风口耗尽了，整体格局也差不多定型了。现在互联网大厂连菜贩子的生意都抢，大部分行业跟餐饮业一样，一片红海。十家创业九家赔，跟炒股似的，创业机会就

1　M2（广义货币供应量），指流通于银行体系之外的现金加上企业存款、居民储蓄存款以及其他存款。它包括了一切可能成为现实购买力的货币形式，通常反映的是社会总需求变化和未来通胀的压力状态。

会明显变少，大家对贷款的需求也就不那么大了，慢慢也就不敢去创业了。

不过大家都希望贷款去炒房，可是这件事对于国家来说风险又太大，并且以前在大城市买房的主要是没房的人，现在买房的都是有好几套房的人，没房的反而买不起，所以政府三令五申不让贷款流入房地产，因为流入房地产除了推高房价，不会创造额外的价值。所以中国这边的利率也以肉眼可见的速度下跌，比如余额宝，2014 年的时候利率高达 6%，到 2021 年利率已经跌到 2% 了。

如果用一句话概括负利率时代，那就是：增长缓慢，机会稀缺，谁都不想花钱，创业也赚不到钱。

那整个社会平和了不好吗？大家跟日本一样，岁月静好，不好吗？

当然没这么简单了。比如作为富豪阶层有大量的钱投资不出去，放在手里通货膨胀贬值，存银行也不赚钱，最后想来想去，只好去追那些少数优质资产，最后把那些资产给追到天上去了。

大家现在看一线城市的房子、茅台股票什么的，价格高得让人怀疑人生。可能再过几年发现现在自己还是太年轻了，这些优质资产的价格说不定还能更高，就跟比特币似的，天天刷新我们的认知。将来涨上天的是不是茅台我这里是瞎猜的，不过优质资产被炒上天的逻辑问题不大。

美国那边也一样，那几个巨头的股价也要上天了，一个公司的资产顶一国的财富。纳斯达克 2020 年涨得那么高，其实主要是被苹果、微软、亚马逊、谷歌、脸书和特斯拉六家公司给推高的。

但是这些钱在金融市场空转，根本进不了实体（也是因为实体不赚钱），所以并没惠及基层老百姓。

由于整体机会的缺失，今后分化会成为主流。所有领域、所有行业，乃至整个社会，都是中间溶解，财富向头部集中，中产阶层变少，两头变多，形成"M 型社会"，也就是中间没了，两头高。

不过这是一种趋势，如果控制得力，说不定还有救。如果说全世界范围内哪个国家能控制住这种趋势，也就是我国了。

2021 年年初热议的一个话题是，沪指从 3000 点涨到了 3500 点，看着形势一片大好，可是在很多人看来，几乎遭受了一波股灾，因为只有少数头部公司一直在上涨，剩下的公司不但没涨，还一直在跌，因为这些股票的筹码也被抽出来投入到头部公司去了。

这其实就是微增长时代的表现。在未来很长一段时间里，这种分化会越来越明显，只有几个行业保持迅速增长，其他行业会陷入长期的缓慢增长，甚至干脆停止增长。现在其实很多行业的从业者已经感受到了行业停止增长后的影响，比如很多行业的工资也是十年不涨，但是互联网巨头的工资却屡创新高。

技术必须快速突破，不然全社会都得掉坑里。在过去十年的互联网大潮中，互联网行业贡献了将近两亿个工作岗位，但现在互联网红利基本已经到头，得等着下一波红利。

不过在等技术突破的时候，也不是无事可做。比如我在上文反复提到的"社会活力""消费能力"等方面，都可以有所作为。降低贫富分化，精准扶贫，给基层让利，人民手里有钱，才会推动消费；有了需求，才有工作岗位，才能避免钱在金融市场空转却在实体经济中找不到可投资的东西。

我们真正可以依赖的，是国内巨大的市场。 拼多多的崛起，也是这个背景，巨大的市场稍微开发下，就是天量的资源。再往前推一步，扶贫也是这个逻辑，"每个人自由发展是一切人自由发展的条件"，给每个人发展的机会，才是最大的福利。

当然了，我们既要避免欧洲那种福利太好把社会给养废了，又得防止日韩那样坑得太过，大家连孩子都不敢生了。

此外，如果说有什么事能让我对未来有一些慰藉，就是中国人很难像日本人那样变得那么无欲无求，总有无数的人发奋努力地要追求幸福生活。只要大家不彻底消极到过一天算一天，那情况就不会太糟。

由于生命所限，我们看不到更大的局面。其实从整个历史的角度来看，世界一直处于一个个的周期中——衰退、复苏、崛起，甚至利率的涨跌，都跟潮水一样潮起潮落。有种说法认为，我们现在是处于 20 世纪 80 年代开启的那个周期的尾声，所以就跟进入了"新纪元"似的。不过日子总得继续过下去，希望大家在知道了世界的残酷后，依旧保持乐观向上的态度。

疫情寒冬，新的势力正在茁壮成长

那个千年来的生产大国又回来了

我国写史人在记录历史时，有意无意把一部分关键史实忽略了，比如我国的贸易史，我国在世界贸易中的关键地位等，史书中少有提及，让大家常误以为，我国在过去上千年里都独立于世界市场之外。

其实如果去看看国外的研究专著，就能发现中国不但不是独立于世界市场之外，而且和世界市场的联系一直非常紧密。

中国有两条商道连着西方，一条是西北的河西走廊，另一条是南海的海上丝绸之路。

大家知道的强汉盛唐，中华男儿长期在西域奋战，并不像有些书上写的，是为了皇帝的虚荣，恰好相反，他们是用武力去保护商道，通过商道来获取利益。

唐朝在西域的贸易那么昌盛，长安城里到处都是胡人，生活在商道上的叶蕃也一度非常厉害，而中亚也因中国和西方的贸易赚得盆满钵满。

整个上千年的时间，中国一直在参与世界市场，不仅参与，还一直是重要组成部分。欧亚大陆像个扁担，一头是欧洲，一头是中国，中间是中亚，中国物资长期通过中亚贸易路线到达欧洲，中亚从中赚差价，在整个中世纪富得流油。可想而知，在曾经的亚欧大陆上，贸易有多频繁。

大航海时代到来后，东西方贸易开始走海路了，不再路过中亚，中亚迅速衰败。

在整个历史上，中国都是生产大国。中国生产的东西卖到全世界，中国工艺代表了整个古代的最高水平。甚至声称"片板不得下海"的明朝，也向海外输出了天量的瓷器、茶叶和丝绸，使得英国人都被"带坏"了，喝茶也成了他们的刚需，而且一直喝到现在。

英国人一开始喝中国产的茶，后来嫌贵，就把福建茶树移植到印度。大家都知道印度的阿萨姆奶茶吧？阿萨姆是印度东北部邦国，水土适合种茶树。英国人偷学了中国的种茶技术后，专门让阿萨姆人给他们种。

事实上，中国历史上几乎所有盛世，都是深度揳入到世界市场当中的时代，那时就从古代的全球贸易中不断获取收益。我国长期在东西方贸易中占据着核心位置。

中国强大的生产和贸易国地位一直持续到 18 世纪。美洲新大陆被发现后，欧美开启了大西洋三角贸易，这个贸易圈是更强大、更有潜力的一个圈，世界贸易的中心转到了盎格鲁－撒克逊人那里。而中国由于自身人口资源的内卷化，日渐式微。

但历史并未到此结束。

中国经历了痛苦的两百年后，终于走出阴影，重新入场，逆势上扬。

从 1840 年到 1953 年，我国打了一百多年的仗，这中间我们遭受了全世界几乎所有列强的反复入侵。从 1949 年到现在，我国发展了 70 多年，尤其在后 40 年里，我国经济快速发展，如同狂奔起来的巨象，让所有人都惊呆了！在整个人类历史上，大家见过这种场景吗？

如今在世界面前，中国在工业全品类方面接近无敌状态。那种迅速发展的情形，只在泛儒家文化圈的东亚国家韩国、日本才发生过，其他人口稍微上规模的国家从没出现。

现在，在产业分布的广度方面，中国有 39 个工业大类、191 个中类和 525 个小类，是全世界唯一拥有全部联合国产业分类工业门类的国家，能自主生产从服装鞋袜到航空航天、从原料矿产到工业母机的一切工业产品，能满足民生、军事、基建和科研等一切领域的需要。

所以，过去两千年反复重演的一幕又发生了，只不过这次不是金银，而是美元，商品向西，美元向东。

在产业高度方面，中国工业产品的质量和技术水平也在不断攀升，在全面占领中低端产业的同时，向高端产业发起冲击，在个别领域已取得世界领先地位。

在中国古代，中国生产的一些东西就是"精工"的代表，罗马元老院元老们的制服就是中国丝绸制作的，英国贵族家家都摆着中国瓷器。如今，"中国制造"又有了新的含义，我们在信息技术领域又走到了世界的前列。

2020 年，中国公司腾讯击败其他美国公司，给联合国提供关键信息技术相关服务，乍看是个孤立事件，但长期看可能是个标志性事件，标志着我国信息技术水平进入了世界第一梯队。我们错过了前两次工业革命，终于赶上了信息革命，并站立在了潮头。

日韩当初也是这样崛起的。先承接欧美外包产业，然后在这个基础上专注创新，最后在高端产业直追欧美，切下了属于自己的那块蛋糕。现在有几家中国公司，在这方面也已经做得很好了，甚至超过了欧美同行。

而日韩在崛起过程中，也一直伴随着各种质疑。这些质疑有来自欧美的，也有来自自己人阵营的，但依靠东亚人的坚忍和聪明，都打出了自己的一片天地。

如今我们也有了跻身世界一线的公司，而且这些公司都有体量史无前例的用户，这也是我们在抗疫过程中经济继续上扬的底气。

全新的生产与组织模式正在形成

这次腾讯和联合国合作，也代表了一种趋势，依赖线上办公的新时代也到来了。

线上办公这事并不稀奇，但这次疫情无疑加剧了这种变革。有点像当初石油用了几十年后还在继续小打小闹，直到英国海军为了迎接德国海军的挑战，把所有军舰都换上了石油驱动，石油时代这才彻底降临。

这次疫情很多人评价它是"黑天鹅"，但著名美国投资人达利欧提了个说法，我觉得非常有道理。他说这种事在人一生中不怎么常见，因为我们活得太短了，但从整个历史进程来看，类似这次疫情导致的社会休克十分常见，每隔一些年就得来一次，只是这里的"一些年"比巴菲特的岁数都长，所以就显得很不常见。

正是大家没注意到这种"周期性必来的不速之客"，各种组织因为生产和组织方式不同，疫情对大家的伤害程度不一。比如，工厂停工、餐馆停业，线下企业痛苦不堪，但很多适应性好的企业不仅几乎没受影响，还逆势上扬，比如线上游戏公司就迎来了一波红利，线上办公 app 也逆势上扬，此外还有线上蹦迪、线上 KTV 等。

既然有人获益，有人倒霉，那么必然会导致整个社会组织重组，也逼着大家去寻求突破，改进自己的企业模式，追求业务的不间断。

这次联合国开了个好头。类似联合国这种世界顶级传统机构都做出了那么大的变革，其他机构也得跟着变。这段时间，我身边就有人对这个事感悟很深。

前几天一个小伙伴说，他们公司在疫情期间一直没能开工。尽管他们是软件公司，但公司自己的软件属于专用软件，不到公司现场没法开工。但业务不能停啊！所以这段时间，他们项目组几个人拉了个小群，在家里上班，天天用微信会议联络，竟然接了个外包软件项目，还做成了。因此，疫情期间他们的收入非但没下降，反而大幅上升。

他们几个现在已没法想象再回公司去上班了，希望每天穿着睡衣在家干活，用电话会议组织一个没有集中办公地的公司，类似去中心化组织那样。

此外，疫情期间，一些自媒体大号也成功做到了逆势崛起。我知道的一个自媒体公众号，其实就是个松散组织，其成员有二十来个，散布全球。每天这些散布世界各地的小编，把从当地采集到的好玩的资源，在微信群里跟其他人一起分享，微信平台就是他们的办公平台。而且，他们几个成立自媒体的想法就始于一次微信聊天，然后在微信上慢慢做大的。大家平时各自搜集资料，然后讨论整理，再发出来。他们在微博、微信、抖音和B站上的所有内容，都是在这种分布式场景下生产出来的。因此，他们从来不依赖集中办公，也因此在这次疫情中，这个公众号能不受影响，正常运转。

另外，线上技术会重新定义公司，公司不再是格子间写字楼，正如工厂不再是 19 世纪的血汗生产线一样。使命驱动的自组织管理理论早就有了，相关技术工具这几年也陆续成熟，2021 年是个标志性节点，后续很多组织形式会向这个方向靠拢。

这种组织我们一般叫 OKR（目标和关键结果），依赖创意的自由软件联盟、自媒体、黑客组织、广告小组和无国界医生，还有很多 NGO（非政府组织），都是这种组织结构，组织内部的人员很可能从来没见过面，但是协作得非常好。

此外，美国现在也有多个跨国项目，比如谷歌研发的那个著名的智能狗，其中关键的负责平衡的那个项目，就是美国和欧洲科学家在多地分布式办公完成的。而且谷歌在中国北京、上海组建的机器学习实验室，也是通过会议平台和北美总部协同的。

至于码农们熟知的那个 GitLab（极狐），就是一家纯线上远程办公公司，这家公司在全世界六十多个国家雇用了一千多名员工，却没有任何办公场地，大家都在家里上班。

这也是为什么在这次疫情期间，美股暴跌，而办公软件类公司的股价却持续上涨。

不过，如果你觉得在家办公效率不高，只有被人看着效率才高，那你从事的可能不是"使命驱动"的工作，也就是你并不热爱你干的事。

当然了，绝大部分人都爱清闲，我也不太爱自己的工作。但我除了工作还有写作，我在家工作效率确实也一般，在家写作却效率惊人，而且不知疲倦，经常大半夜跟世界各地的小伙伴打听他们那边的情况。

所以从某种意义上讲，这就是已经实现了"互联网共享"。

我们以前说生产资料归资本家所有，现在你只要愿意，网络资源到处都是，且极其廉价，基本是按需分配，类似微信企业版这样的工具也能非常廉价地得到。只要伸出你的小手去整合，去再生产，你就是企业主。这也就是我们常说的"技术给小人物赋能"。以前组织一个上千万人级别的聚会可以耗尽一个国家的财力，但是现在一些草根博主就能做到，这才是这个时代堪称奇迹的现象。

毫无疑问，在过去的百年中，对人类意义最大的几个发明，都是用来拉近人与人之间的距离、降低运输成本的。在接下来的时间里，虚拟空间承载的价值很快就要超过物理世界，毕竟在拉近距离方面，网络有天然优势。

大家不要怀疑，那种格子间打卡的工作模式，很快就会被纯虚拟的工作空间取代。彻底取代有点难，但占比会飙升，而且比你想象的要快得多。

当然了，不只是这类小公司在这么玩，大公司也是这么做的。

类似国家级路由器、手机 app 的服务器和购物网站什么的，都是 7×24 小时运转的。尤其是你手机里那些常见 app，我们称为"超级 app"，任何一个软件的用户都有上亿个，背后都是跟广场一样的刀片服务器，这些业务都不能停。那么面对这次疫情，它们是怎么做的？

这事我正好很了解，因为我就在其中一个大厂里负责两个项目。整个春节期间，业务一秒钟都没断，有个大型团队一直在支撑这事。在这个过程中，有小伙伴在武汉隔离，有的在北京，还有几个在海外，整个业务全程依靠在线沟通和在线会议来安排与推进。因为我们以前就是这么做的，所以现在加大力量继续做线上业务，一点问题都没有。

我看到知乎上还有不少人在讨论线上办公的合理性什么的，觉得有点逗。这就好像在 1800 年讨论蒸汽机是不是很不合理、在 1870 年讨论电力是不是一个糟糕的发明一样。我们已被逼到了那个"门"面前，你能挤过去就是新天地，广阔而大有作为。

所以，虽然这次疫情绝对是一次灾难，但远远不只是灾难，这也是一次机会！像腾讯这样的中国公司，在这次疫情中通过向国内外提供在线技术支持与服务，得到了大家的认可。疫情也将倒逼其他企业做出革新，后续也会有越来越多的新组织，其人员平时在上班，业余时间通过网络组织起来做同一件事。我知道一个 B 站大号就是这么运转的。它的几个作者利用业余时间，有人写文案，有人录音，有人做视频，彼此通过网络在线沟通和演示，共同运营这个 B 站大号。

所以说，技术本身从来不只是技术，正如蒸汽机本来是用来给煤矿抽水的，计算机本身是用来算导弹轨道的，但这些技术都改变了人类的整体面貌。 远程会议工具的下沉化，也会带来全新的组织形态，更高效、更复杂、更灵活，这也正是腾讯这种龙头企业的职责与优势。

如果回到 2010 年，你跟我说联合国用的是腾讯软件，中国经济规模已发展到了这么大，带货博主一天能卖好几亿元，几千万人挤在一起看直播，我可能觉得你疯了！但事实就是如此，世界已经变了。

我们的那些龙头企业，借助海量的市场和其自身的锐意进取，都取得了以前没法想象的成就，市场也跟变色龙似的变得超乎我们的想象。

我也相信，接下来的十年同样是意想不到的十年。疫情固然残酷，但本身也会淘汰一部分竞争力弱的企业，而竞争力强的企业相当于挺过了一轮周期，在随后的日子里会变得更强大，线上虚拟业务也将前所未有地蓬勃发展。

有些东西在衰落，更多东西在崛起。不过我并不准备说服谁，因为不管你是悲观还是乐观，长期看来，你都是对的。

CHAPTER 6

放眼全球，
我们
该如何突围

美国和日本的企业要撤离中国，意味着什么

2020 年 4 月的时候，网上有消息称，美国提供资金要求本国企业离开中国。这事意味着什么？我专门研究了下，初步判定意味着三点：

一是我国老百姓还没有上外网求证的好习惯，因为当时美国和日本根本没提这个要求，只是建议。

二是一些人看到这则新闻竟然欢欣鼓舞。除非你移民了，否则有什么值得高兴的呢？这个世界向来都是这么个逻辑，收益是自上而下分配的，成本是自下而上承担的，老百姓们为什么狂欢？高兴自己被宰了？

三是就算有这个事，它们也撤不走。

我们一点一点来说。

关于新闻的真实性

这则新闻我去外网反复查了，甚至查了白宫的新闻网，什么也没看到。后来我反应过来：这事该不会是美国某些人的

个人观点被中国国内小编捕捉到，然后一通乱改呈现在大家面前的吧？所以我就找了下新闻，还真找到了。

果然，原来这是一个叫 Kudlow 的哥们儿的建议，被国内媒体当成美国政策了。

确认完了之后，再看国内的那些小编一本正经地胡编，简直就是魔幻现实主义。此外，如果你跟我一样，近十年来一直关注我国这类新闻，就能发现每年都有一大波"撤资潮"。大家各种"震惊"，说这次真撤资了。但看下历史数据，你就能发现，那些企业不仅没撤资，反而每年都在追加，只是和上一年相比，有时候多了，有时候少了。这种套路多见识几次，相信大家就会和我一样淡定了。

不过说到这里，不少小伙伴可能要问了：如果这哥们儿的建议最终被采纳了，会发生什么呢？那我就来说下那些企业到底能不能搬走。

外企撤离中国到底有没有可行性

要说清楚外企撤离中国的可行性，关键要说清楚它们为什么要来中国。就像你在北京混了十来年，你妈让你赶紧回县城去，你到底回不回去？这基本依赖两个因素：

1. 你来北京干什么来了？

2. 现在回去你能干什么？

外企也一样，它们为什么来中国？难道是因为同情第三世界人民的生活状态，致力于改善中国人民的生活水平？当然不是了，它们来中国是赚钱来了，正如它们当初坚船利炮跑到中国来打仗是为了钱一样。

我发现很多人还是孩子气，外国人跟你做买卖，不是看你长得帅，也不是怕你没工作，人家是想赚钱，都是没有感情的赚钱机器。只要有钱赚，资本根本不管你是谁，更不会因为敌视你就不跟你做买卖，那是未成年小朋友的思维方式，成年人可不是这么想问题的。

那为什么来中国能赚到钱呢？其实不只是来中国。西方大规模向第三世界转移产能，开始于20世纪60年代，也就是距今60多年前，最开始是向"亚洲四小龙"转移。当年中国香港迅速崛起，有一个原因是承接了一部分西方的产能，生产衣服、皮包什么的。

香港以前以制造业为主。改革开放后，香港的企业家看到内地成本低，就把制造业搬到了内地。

大家知道深圳蛇口吧，有关部门给香港企业家划了块地，让他们在那儿雇用内地老百姓抓生产，生产出产品后卖回给香港。这块地也就成了深圳的起点。

后来香港所有的制造业都跑到内地来了，香港慢慢转型成了一个贸易型经济体，专心当中间商赚差价。这个钱好赚些，但问题也很明显，无法惠及大多数人，依赖金融的国家或地区都变得急剧两极分化。

所以，工业向亚洲转移，不言而喻的一个原因是"成本"。"成本"类似于市场上的重力，在它的作用下，产能会一点点向成本低的地方聚集，最后集中到中国这个人口大队里，这太符合市场规律了。当然了，单纯成本低也不行，需要工人素质达标。南亚国家基础教育都不太行，人多，但是素质上不去。我们一般说"工业人口"，说的不只是人，还得是受过教育的人。

在中国，你花五六千元的月薪就可以雇个大学生，折合下来一千来美元。但在美国，这个薪资你连半文盲都雇不到。

我所在的行业也很明显。我是做手机操作系统的，之前招了个小伙伴，那小子比较有想象力。我跟他说我在美国一天能赚 500 美元（约 3000 元），他灵机一动，跑美国上班去了，一年收入 25 万美元。在中国他那个水平能拿多少钱呢？30 万元不到。大家看出来了吧，就这么悬殊。单纯就我这个行业而言，中国工人的人力成本基本是美国的 20% 左右。

再比如那个特斯拉就很明显。2019 年 6 月，特斯拉的股价被打压到了历史最低，眼看混不下去了，位于上海的生产基地投入使用，一下子给特斯拉解决了两个问题，降低生产成本的同时，销量激增。特斯拉的股价这才开始逆势上涨。那降低了多少成本呢？比北美低 65%，这个数据非常可观了。而且马斯克多次说中国工人的专业素质非常过硬。成本低，工人素质过硬，大幅降低了特斯拉整车的价格。

不过"成本"这个原因在二三十年前是关键原因，现在已经不是了。

中国现在对于世界来说，关键是完整的供应体系。这又怎么理解呢？

比如几个美国大学生想创业，他们考虑研发一款"既可送外卖又可擦玻璃的无人机"。这就有三个模块：无人机、外卖抓手和擦玻璃摇杆，把这三个焊在一起，既能送外卖又能随手擦玻璃的无人机就制造出来了，接下来就需要生产成品了。

他们一打听，全世界只有中国能在一个地方把这三个模块全搞定。他们到了深圳华强北喊一嗓子，立刻出现四个团队，把这件事给包了。其中三个团队提供各种模块，第四个团队是集成商，负责集成。这之后他们在美国只要发订单就行，中国这边给他们做好装箱，送到全世界，里边还塞张卡片，用英文写上"记得打五星哦，亲"。

如果其中一个工厂，比如生产外卖抓手的那个工厂搬到美国去了，会发生什么情况？这个外卖无人机的其他部件在中国本地能搞定，只有外卖抓手这个部件需要远渡重洋送过来。问题是这个部件的上游供货商都在亚洲，得先把上游产品送到美国，加工完再拉回亚洲集成。

这样一来，这款产品的价格想也不用想会比其他的贵得多。在市场上，模块化产品"贵得多"就意味着无法生存，很快就有其他公司的同类产品把它们替代掉。

现代创新经济的核心就是整个市场里有无数"小而专"的模块化公司。你不管有什么奇妙创意，落实到最后，都是几个模块的组合，无数的公司动态组合，今天几个公司的产品组成 A，明天组成 B，大海才有浪。有了这些无数模块化的小企业，各种稀奇古怪的构想才能变成现实。

现在大家明白为什么产业都往亚洲地区集中了吧。一个产业 80% 的相关部件都在一个地方，剩下的 20% 如果不搬过来，可能很快就会被替换掉。大家一定要注意一点，企业是依赖上下游的，这也是为什么会有"产业群"的说法。为什么码农愿意来北京、上海，因为这边就算他工作的公司倒闭了，也能快速找到下一家。企业也一样，也需要招工，需要动态调整上下游，如果你离产业集群太远，这些都只能是空谈。

当然了，成本和配套供应还不是最重要的，对于资本主义来说，最重要的是需求，也就是有人买你生产的东西。产能固然重要，对于企业来说，最麻烦的事还真不是生产不出来，大不了招工后三班倒，就跟这次疫情期间那些企业火力全开地生产医疗器械似的。企业面临的最大问题是有没有人买。

外企为什么一直在折腾打开中国市场？主要就是因为中国有海一样的市场，不仅能生产，还能消费，而且这种消费还在爆发。

我在前面提到的特斯拉也是这样。进入中国后，它的销量激增，尽管它在北美市场的销量在下降，但单是 2020 年第三季度在中国，其销量就增加了 64%。它不仅活过来了，现在还虎虎生威，一时半会儿死不了。而中国市场也迅速成了特斯拉全球第二大市场。如果特斯拉撤出中国，毫无疑问会死得很惨，而且是效率和成本的双暴击。

马斯克也表示，"没有中国就没有特斯拉的今天"，还表示"我爱中国"。到底爱不爱，其实不重要，也无所谓，毕竟资本家的话，听听就得了。不过中国确实助力了特斯拉的腾飞，这是毫无疑问的。中国和以前的美国一样，是实现梦想的地方，喜欢钱的人就没有道理不爱中国。

不知道为什么，不少人现在提到"全球化"，第一反应就是除了中国，其他国家都是受害者。但实际上，中美都是全球化的受益者，只是中国的收益比较明显。

而美国整体也是赚了的，只是分配不均匀。资本家赚得盆满钵满，但普通美国人收入无以为继，只好借钱消费。现在他们借钱太多，有点支撑不下去了，这才有了"制造业回归"这类民粹主义说法。为什么说是民粹主义呢？因为按照西方理论，制造业想去哪儿去哪儿，全凭资本家决策，任何政府参与进来都是不道德的。不过他们现在可不管这些。

问题是制造业大规模（注意，这里说的是"大规模"）回美国几乎不可能。一方面美国人口和人口素质也维持不了那么大的工业体系（美国现在只有两千万制造业相关人员），跟苏联似的，把人力都拉去研究重工业了，轻工业没人了。正是因为人口不足，在20世纪60年代美国才向亚洲转移制造业，只保持高利润、高附加值的那部分在自己手里。如果美国人自己生产，想也不用想那些产品会迎来一波涨价，最后依旧没有竞争力。

说到这里，大家可能会有疑问，如果美国给补贴呢？也不是不可能，至少郭台铭2017年为了特朗普承诺的300亿美元补贴，真去美国建厂了。

如果这些在华企业回到美国后一直不赚钱，政府一直给补贴，那补贴的钱从哪儿来？如果一直补贴下去，美国也要过救济施舍的幸福生活？

我们该怎么应对？

我发现现在网上有两种非常不好的论调。一种是极度排外，民族主义高涨，除了自己，其他人都看不上；另一种是极度亲美，别人不能说一点美国或者西方不好，一说就无限鄙视。这两种论调其实都不对，都是未成年人的思维方式。成年人的世界，应该像个社会人一样去思考。

什么是社会人呢？社会人就是做好自己的事，不去招惹别人，但如果别人招惹我们，我们也要果断还击，不然他们以为我们是软柿子，心情不爽就过来捏。所以，我们既不欺负别人，也不崇洋媚外。

那如何做好自己的事呢？国外某问答平台上有个帖子非常有趣，而且很说明问题。作者说"中国制造业2025"其实本来是个构想，并没有达成共识。中国国内各方势力也不是铁板一块，因为要扶持这些领域，其他领域的预算就会减少，大家自然不满意。而且中国很多学者持怀疑态度，他们一直有"不要重复造轮子"的想法，反对中国搞"大而全"，认为中国这么做不符合经济学规律。但经过特朗普一折腾，中国绝大部分人都明白了，原来这一步这么重要，看来必须得搞了。共识就这么出来了。

类似《三体》里的那个情节，罗辑不小心偷窥到了外星人的软肋，所以外星人要杀他，还要故意制造成意外的假象，让大家觉得罗辑的死只是一个意外，从而不会怀疑他掌握了什么大秘密。奥巴马看过《三体》，特朗普没有。如果特朗普懂这个道理，他就该花钱雇用一帮中国的经济学者天天围攻这玩意儿，而不是从外部出手。特朗普不仅暴露了天机，还反手给我国一些经济学家一巴掌，之前那些反对"土地红线"的经济学家也挨了这么一巴掌。

说白了，我们要坚持"深挖洞（提高科技高度和深度），广积粮（加强储备粮油和人力资源），低筑墙（扩大合作和交易）"。 我们要比美国更开放，更像海洋文明，接纳所有愿意平等做生意的人，只要别人跟我们合作能赚到钱，他们是不会把我们踢出去的。要知道，冷战顶峰时期，法国和英国跟苏联的贸易都没断，甚至美国企业家私下里也跟苏联在合作。

而中国和苏联又完全不一样，苏联游离于欧美之外，而中国揳入到了欧美体系里，并且担负着心脏那样的职责，中国只要不自己折腾，就没事。

现在萧条就在眼前，达利欧判断其程度应该会超过20世纪30年代，所以我们肯定不能大意轻心，可以拿出点诚意和动作来，比如继续创造更好的经商环境、完善法制、出台刺激政策。

作为老百姓，我们也要对自己负起责来，多锻炼、别生病，工作再勤奋些，多输出、少添乱，而且一定要管住自己的嘴，不要成天唉声叹气，我们说出去的每句话，第一个听到的人是自己，消极的话说多了，自己也信了。

一点都不用怀疑，在每次危机中，超级巨头会变得更大，一部分中小型巨头会被打翻，重新崛起一批新巨头，这本身就是危机的一部分。 加把劲，说不定我们的机会来了呢。

制造业向东南亚转移，我们该怎么看

制造业向东南亚转移已经是个不争的事实了，有点像人口老龄化和少子化，我们该讨论的是"怎么看待这个问题"，进一步推导出"该怎么应对"，而不是高喊口号，类似"人口不能减少"，或者"工业不能转移"，这些都没有意义。成年人的世界最基本的逻辑就是，这个世界根本不在乎你的感受。

关于制造业转移，这个问题我也一直在思考，中间有好几次观念的转变，到今天为止，我的观点是——

它们要转就转去吧，我们也有更好的选择。

接下来我解释下为什么这么说，相信大家看完也能接受。

成本问题

文章开始，我们的第一个问题就是：它们为什么要转移？首先是中国这边的成本越来越高。

这里的成本元素有很多，人力成本、环境成本、政府成本等。人力成本比较明显，一般低端制造业最大的问题还不是工资低，而是枯燥乏味，经常十几个小时站在流水线前，每天两班倒，做一些完全机械重复的事，甚至连话也不让说，上趟厕所都要憋到特定时间。

这种生活可能60后能接受，70后也凑合，80后估计就没法接受了。问题是这类工厂只要年轻人，五六十岁的老头老太太人家还不要，只要90后，最好是95后，年轻力壮。

但是90后，尤其是95后，别说去这类工厂了，让他们坐办公室，他们或许都坐不住。所以，这类工厂现在也叫"城市落脚点"，说的是不少村里的年轻人进城后没地方去，想赶紧找个工作时一般去这类工厂，但是去了以后发现根本没法接受，不仅工作枯燥，工资还特别低，因此他们在这类工厂上几天班后就去干别的了。

说到这里，大家可能会纳闷：这类工厂既然工作差、留不住人，就不能提高点工资吗？

也不是不能，很多工厂也是外包的，利润本来就很薄，它们的甲方就没给它们多少钱搞生产，如果给员工加工资，可能自己就不太赚钱了。

制造业本身就是整个产业链里最初级的那部分，利润非常薄，利润大头都被研发和销售等服务业给分掉了，留给制造业的利润就那么点，想多给员工都难。

那怎么办？可不可以向中国内地迁徙呢？

也不是不可以，不过有交通成本制约。我查了下，300千米陆运和1万千米海运成本差不多。也就是说，往内地行进300千米，成本跟在大海里航行1万千米是一样的，如果能在1万千米以内找到下家，就不如去海外。

如果是沿着长江往上游转移还是有可能的，毕竟长江可以跑大船，如果完全转移到西部，可能本来也没多少的利润就被陆运成本给吃光了。从最近几年的经验来看，只有那些附加值高的产品才会从沿海向长江上游的重庆等城市转移，或者如果给补贴，也会向内陆转移。

说到这里，大家就明白了吧，随着大家不愿意干这种活，以及中国人力成本的上升，这些企业只有两个发展方向：如果成本允许，就上机器人；如果成本不允许，就继续全世界沿着海岸线找人力便宜的地方。

说起机器人，大家的第一反应可能就是它非常高大上，应该很贵吧。其实不能一概而论，有的机器人只是个机械臂，只能做一两个机械的动作，反正雇的人也是做这一两个动作，正好能满足要求。

如果这个机械臂降价了，或者人力成本上升了，那就可以考虑买个机械臂。我国南方现在已经有不少"熄灯工厂"，里边全是这种机械臂，工人只有在需要替换坏掉的机械臂的时候才进去。

现在的趋势也很明显，如果动作太简单，工人摆弄一个零件需要的时间在 10 秒之内，大概率在未来几年都会被机器取代。如果工人操作需要 1 分多钟，可能还需要继续人工解决，上机械臂不划算。

如果动作比较复杂，一时半会儿机械臂取代不了人，或者说用机械臂不太划算，那就得沿着海岸线去找人了，越南、菲律宾就进入了视野。这类工厂往往需要的不是人，而是给他们的机器配一个人形工具，所以越没个性的人越好，最好是那种挣扎在生存线上的人，他们最愿意干。

并不是所有的工业企业我们都需要

人力成本这个问题好理解，不过这不是最关键的，最关键的是中国现在不太欢迎这类企业，很多优惠减免政策取消了。

这一点大家可能纳闷了：这又是闹的哪一出？制造业立国，为什么要赶这类企业？原因其实也不复杂，就是工业企业和工业企业不一样，工业企业当中有一部分也不那么美丽。工业企业整体大概可以分成三类。

第一类就是我们今天提到的这种，没什么技术含量，上下游都不在我们这里，工厂里也没有上升空间，每个人做一个月和做十年都是　样的，整个生产车间没一个人需要带脑子。这几年搬走的主要是这种工业。

第二类是电器企业，这些企业尽管收益没法跟那种头部公司和互联网公司比，但产量巨大，而且整个价值链都在我们手里，从专利到销售网络都在国内，它们是内循环利器，而且也在进化，这些年电器行业可以说是很成功的国产替代领域。它们还有个好处，员工在里边通过磨砺，也可以成长。这种企业搬走的就比较少。

第三类的代表就是京东方和大疆那种，初期投入巨大，后期产出也特别大。这类企业不仅是政府鼓励的，而且是政府不惜投入重资去支持的，在接下来的很多年里，我国重点发展的也是这类工业。

这类企业优点很明显，它们是不断进化的，在研发产品的过程中，不断培养能打硬仗的工程师和干部，这些人通过自己的经验和知识，又可以做出更复杂、更高水准的产品。这些干部就算将来离开公司，也能把经验和技术扩散出去，对整个社会都是有帮助的。这类企业最难搬走，因为它们并不依赖年轻劳动力，它们依赖中国的人才库和上下游产业群。而且上文说了，生产其实不太盈利，最盈利的是研发和销售。

不少人看到这个，很容易把研发、销售与生产对立起来，觉得那两个领域真讨厌。千万别这么想，如果研发和销售在海外，生产在国内——大部分外企都是这样的——那确实是很对立的。一旦研发、销售、生产都在国内，那它们就是个利益共同体了。

第三类企业把研发和销售也控制在手里，相当于整个链条上的利润都被企业吃了，能反哺制造领域，这就不是那种代工企业能比的，代工企业都是把最赚钱的部分让别人吃了，自己做最苦最累利润最少的部分，而且关键是没什么提升。现代制造业跟古代作坊不一样，功能改进主要在实验室，不在制造现场。

如果大家不理解，可以这样想一下，改进发动机效率的都是一些科学家而不是工人。大家看出来了吧，这三种工业企业类型其实是不同阶段的三个发展型号，就像钢铁侠的历代战甲似的，马克Ⅰ型，马克Ⅱ型，马克Ⅲ型，每一代都跟上一代有点像，但是又不大一样。

我国当初起步就是做第一类的工业企业，这些企业给中国赚到了最早的启动资金，顺便把国外的管理技术带入中国。随后我国自己的企业从奋斗中崛起，学习了它们的技术和管理方式后，也就产生了第二类企业。最近这些年出现了第三类企业，又硬又能打的国产品牌。

不同类型的企业在不同阶段都有各自的合理性，40 多年前我们即使想发展第三类企业，也没办法发展。但在 40 多年后的今天，如果我们还在以第一类企业为荣，那就是完全没有理解与时俱进的精髓。

更重要的是，人在第一类企业里是没有任何提升的，那是个高度螺丝化的地方，为了提升效率，把工序一直拆分到每个人就几个动作，掐着秒表让你操作，而你甚至不知道自己在做什么，也就谈不上进步和提升，只能是手速越来越快。

这就跟驴拉磨似的，工作量按理说可以绕地球一圈了，其实还在一平方米见方的地方转悠。大家要明白一个道理，人力之所以是资源，是因为可以提升，如果不能提升只能当牲口使，那根本不是资源。

现在国内年轻人的数量本来就不足，你把大家圈起来做这些没有技术含量的事，年轻人自己不大乐意，国家肯定也不是太满意。

这种操作一般都是在工业化前期，国内实在是没有任何启动资金，只能是搞点工厂赚点钱，那种感觉就好像美国崛起前的主要业务就是给英国种棉花，等自己发展起来，就不想做这事了，北方联邦军南下，庄园也就完了。

现在的美国肯定不可能去靠种棉花度日了，中国也不可能继续把越来越稀缺的工业用地给低端工厂，更不可能把越来越少的年轻人推上这样的平台。

中国的劳动人口在 2012 年达到了顶峰（是劳动人口，不是人口），从那以后劳动人口开始变少，工人工资上涨明显，这种上涨导致了不少工厂出走。也就在那一年，中国开始进入"去工业化"阶段。

"去工业化"这个词听着很吓人，我第一次在黄奇帆的书中看到也吓了一跳，第一感觉是中国今后不搞工业了。其实不是，这个词是说今后不会像以前那样无条件地欢迎别人来建厂。中国土地本来就不够，所以要提升产业质量，不能再以量取胜。

问题是产业要升级，往往会导致社会的服务业占比越来越大。

这一点大家理解起来可能很费劲，好好地聊工业，怎么就跑到服务业去了？而且拜一些人的奇怪宣传所赐，竟然把服务业污名化了，这个就稍微有点反智了，我们今天就把这个逻辑说清楚。

其实也不复杂，因为不想干苦力就得升级，想升级工业就得不断研发、提高科技水平，从而就需要得到融资方面的支持。

研发就是服务业，科研就是服务业，对应的金融支持也是服务业。

所以说，如果你不准备像以前一样一直搞低端生产，而是准备提高科研水平，那就得不断投入经费搞研发，在这种情况下，服务业就开始蓬勃发展。

根据国家统计局发布的统计公报，在 2013 年，我们的第三产业增加值占国内生产总值（GDP）的比重首次超过了第二产业。具体数据是：第一产业增加值占国内生产总值的比重为 10.0%，第二产业增加值比重为 43.9%，第三产业增加值比重为 46.1%。并且，第三产业的从业者也开始不断攀升。根据人力资源和社会保障部发布的统计公报，2011 年年末，在全国就业人员中，第一产业就业人员占 34.8%，第二产业就业人员占 29.5%，第三产业就业人员占 35.7%。截至 2019 年年末，全国就业人员 7.7 亿人，其中城镇就业人员 4.4 亿人。在全国就业人员中，第一产业就业人员占 25.1%，第二产业就业人员占 27.5%，第三产业就业人员占 47.4%。第三产业就业人员占比连续五年上升，比 2015 年提高 5 个百分点。

也就是说，在过去十年里，前两个产业的就业人员都在减少，一直在向第三产业集中，如果不出意外的话，这个趋势还会继续。

而且高端产能是供不应求的，比如显卡和芯片什么的，低端产能却是严重过剩的，过剩到什么地步呢？很多企业互相竞争，互相压价，以至于后来不少企业基本都赚不到钱，甚至赔钱，靠外贸补贴度日。不过这种状态在 2021 年可能要终结了，国家刚取消了 146 种钢铁产品的出口退税，不少工厂就要停工了。

更重要的是，那种工厂的员工工资太低，也没什么上涨空间，不但没上涨空间，还面临一个问题，在那里边工作几年什么都学不到，也没什么购买力。我们经常聊的内循环、内需、城镇居民消费，都和这些人不太搭边。

这段时间大家都在讨论人口问题，大家都喜欢说"人口结构""社保危机"，担心年轻人少了，社保也不够。问题是，如果我们的年轻人都流入这种企业，连五险一金也不交，他们对社保的帮助也就基本为零，这类人口再多，也没什么帮助。

说到这里，大家也就彻底明白了为什么年轻人尽管可能学历不高，但是依旧用脚投票，能不去就坚决不去这种地方。甚至那些不断强调低端制造业有多好的人，也不愿意送自己的孩子去这种地方。

所以大家说起"工业"不能一概而论，有些根本就不该待在我们国家。就算我们现在没法把它们弄出去，将来也是肯定不要的。

当然了，不一定完全赶出去，升级也是个办法，很多产能看着低端，那是因为消耗了大量的年轻人，效率差，最后大家还都没赚到钱，投入产出比太低。如果稍微升级下，成了自动化工厂，产出没什么变化，但是全程都不需要年轻人无谓的消耗了。

说到这里，大家也就明白了 2025 规划以及科技强国战略了吧？本质都是用先进产能淘汰落后产能。

而且发达国家一般服务业都占到 GDP 的 70%，美国这一比例占到 80%。美国作为农业强国，其农业占 GDP 的比重反倒不到 1%。美国的服务业，一般说的是科技、金融、法律、医疗，给美国贡献了 80% 的 GDP。

当然了，美国的金融、法律、医疗体系里有很多糟粕，不值得其他国家学习，现在他们自己都在反思。

高端制造业会跟服务业融合

说到这里大家也都明白了。

我国现在的趋势就是让那种低端制造业要么升级，要么离开，反正不会像之前那样，又是给政策又是给补助，还忍着它们的高污染。

而且，东南亚那种动荡的局面和平均受教育程度，如果一个企业还愿意跑去那里，说明它们只需要年轻人的那两只手，其他的什么都不要，这种企业留下来也没用。

大家不要看到什么苹果代工厂、三星代工厂，就觉得非常高级，其实不然，高科技部分早就已经做完了，然后送去代工厂做简单的组装，而且它们最盈利的那部分也都在研发和销售，也就是在服务业里边，比如苹果公司那栋著名的环形大楼，苹果最赚钱的部分就是在那里完成的。

此外总有人说，只有低端制造业才能吸收人力。

说这话的人，其实还是把人当累赘，准备给一些年轻人找个地方待着，根本不想管这个地方到底怎么样，几年后会不会荒废。只想把失业往后推，哪怕年轻人在里边过得非常苦还没什么收益，哪怕那个地方基本上无益于进步提升。

我在上文说了，低端制造业的投入产出比太小，对社保什么的基本没贡献，员工能养活自己就不错了，更别说给社会养老了。所以，如果人口不断流入这些行业，也是劳动人口变相在减少。

所以接下来肯定是提高制造业水平，让工人去做有发展前途的职业，顺便要发展那些高附加值的服务业，比如和研发、销售相关的行业，向"微笑曲线"[1]的两端发展。

大家可能不知道，某为在卖通信产品的时候，不惜白送硬件，以便今后卖售后服务和增值业务（增值业务都是软件）。手机领域也有这个趋势，苹果公司看着是一家硬件公司，其实是一家软件和设计公司。特斯拉也在往这个方向发展。

只要大家赚到钱，并且不能是那种只够基本生活的钱，他们才会消费更加高端一些的东西。人们的消费能力提高了，企业也就有了动力去研发更高端的产品，市场才能转起来。

1　两端朝上、呈微笑嘴形的一条曲线。在产业链中，价值最丰厚的区域集中在价值链的两端——研发和市场，价值最低廉的区域集中在价值链的中间——制造。

我们成天说内需，低端制造业的那些工人可撑不起内需。

我们经常说先富带动后富，不能指望先富的那群人发善心，肯定是指望他们有钱消费，他们的消费就是给他们提供服务的人的收入。

而中产阶层肯定是诞生于服务业的，因为这个行业里附加值大，边际成本低，大家赚的钱多。这事不是说公不公平，而是市场规律就是这样，除非体力工人特别少，像加拿大那种，蓝领的工资才能上去。

举个例子大家就明白了。你是个工人，你做一件产品赚一件产品的钱（现实中一个工人往往是参与某个产品的一个环节，产品不会完全由一个人制作完成），哪怕一件产品只需要一分钟，那你每天的极限产能也就五六百件，那你的收益其实已经有了上限。

但是对于一个软件开发者来说，一个软件产品可以零成本复制百万次。最近一段时间，有家公司，成员只有五个人，做了款游戏，卖了500万份，除了给平台的扣点，剩下的都被他们几个分了，每人分了接近5000万元，一夜之间他们从打工仔变成富豪。大家想想，如果这个游戏不是软件而是实物，他们要生产，要发货，最后快递到买家手上，根本不可能赚到这么多钱。

这也给大家提了个醒，想赚钱发家，一定要往这种"低边际成本"的行业发展，这种行业才自带爆发性。

科研也一样，一个小小的改进可能惠及上千万的人，相关工作者的收入自然也就高得多。说到这里你可能会纳闷，听说科学家收入也不高啊。这是因为很多科学家从事的领域，没法直接转换成商业价值。比如美国有些大学养着的科学家的收入远远没法跟谷歌的科研人员相比，甚至 NASA（美国国家航空航天局）的科学家的收入都没法跟 SpaceX（太空探索技术公司）的科研人员比，因为后者可以直接把研究套现，而前者不行。

随着这些高收入群体的壮大，他们会吃饭、娱乐，相关行业就会卷入大量的人口，这时候的服务业才是大家平时说的那个，社会也就运转起来了。事实上我国现在就是这样的，这两年那些方便面、火腿肠的销量开始走低，而酸奶之类的消费品开始走高，宠物消费越来越贵，现在猫猫狗狗看个病动不动好几千元甚至上万元，也跟这事有关。这些消费也会提高基层老百姓的收入。

多说一句，很多人依旧没弄清楚什么是"消费能力"，以为人多消费能力就强，这种理解其实错得离谱。消费的关键是你的收入减去维持生活的那部分费用之后剩下的钱，比如一个人月入 3000 元，去掉租房、吃饭就没什么钱了，那他的消费能力非常差。如果他有 1 万元，去掉 3000 元的基本生活费，剩下的 7000 元可以养宠物、买衣服、旅游，这才是消费能力。

说到这里大家应该明白了，我们不要跟别人比低端，也不要比劳动力廉价，劳动力廉价就意味着工资低，必然没什么消费能力，最后的结果就是成天为了别人累死累活，然后自己还对自己的艰苦奋斗表示挺满意，这就是自我感动。

有个小伙伴跟我说，他是 1994 年的，高中读完就不读了，做过流水线工人，送过快递，做过水暖工，现在从事上门修手机工作。

他说他这辈子最不愿想起的就是在东莞干流水线的那三个月，每天累得半死，住的地方旁边就是厂房，厂房机器轰鸣，虽然机器不休，但他们照样睡得死死的，三个月内他们一起来的都跑光了。

后来他去送快递，尽管送快递也苦，一开始赚不了几个钱，不过离开工厂的那段时间是他这辈子最轻松的一段时间，自由了太多，状态好时干到凌晨，状态不好时干脆不出门，反正是再也不想回工厂了。

后来他摔了一跤，担心送快递这行还是不太安全，于是就去学修手机，一开始赚得少，后来干活认真细致，业务越来越熟练，又加了好多人的微信，开始在朋友圈收二手手机和电脑，尤其有些电子产品，把膜去了就跟新的一样，能以九成新的折价卖出去。现在他一个月能赚几千块，有时候运气特别好能赚到两三万元。

他说将来往哪儿发展他也不知道，但是无论如何不会去工厂了，赚得少倒是其次，完全没有自由，感觉在那里待的年头长了就成废人了。现在尽管也谈不上多有前途，但是有太多的自由支配时间，可以跟其他人聊，看看还能做点什么，反正总有事做。

我不知道有多少人像他这样想，但是我觉得他代表了很多人的观点，受不了那些约束，从制造业逃离，再也不想回去。我理解这也是当下制造业的一个明显困局，给年轻人加钱他们都不去，更别提工厂给的工资也不高。

所以说，发展制造业，最后还是得提高制造业水准，只有水准上去了，附加值才能上去，给工人的工资和条件才能上去。

另外，把《劳动法》落实到位了，这一点很重要。国人吃苦耐劳，但是不能任由一些人打劫另一些人，这种状态肯定没法持久。

人口红利说的是年轻人多，年龄结构好，这本身就是一时的，如果要维持这种红利，就得生更多的年轻人出来，最后跟庞氏骗局那种金字塔似的，每家都得生三个以上，根本没法操作。所以，所有的"红利"最后都得还，就不要想着这种红利会一直持续下去了。

再强调一遍吧：艰苦奋斗的目的不是一直艰苦；搞低端制造业的目的不是一直低端。

此外，也可以像德国那样，有强大的服务业，服务业的附加值高，交税也多（工人本来收入就低，找他们征税也不合适），通过二次分配给工人补贴，以此来改善工人的境遇，做到服务业和工业都强大。

不过，说一千，道一万，到最后还是市场规律在起作用，尤其是政府取消了补助之后，今后更是只剩下市场规律了。既然市场规律让那些工厂离开，说明它们在中国以现有工资确实招不到人，招不到人说明工人都有别的地方去，那工厂想搬就搬走吧。

由此可见，中国的产业升级既是被迫的，也是顺势而为的，是社会发展到一定程度的必然选择。

在接下来的几年里，顶多十年，想也不用想，一部分制造业会转向高端生产，同时向服务业升级；另一部分不是转换成自动工厂就是搬离，否则既招不到人，也赚不到钱。这种趋势既是挑战，又是机遇，反正是不可阻挡的。我知道很多人仍恋恋不舍那些低端产能，但市场规律比人的意愿强，对于这种趋势，你不接受也得接受。

艰苦奋斗的
目的不是一直艰苦，
搞低端制造业的
目的不是一直低端。

产业升级
既是被迫，
也是顺势而为。

为什么日本没能扼住韩国的咽喉

事情的起因

　　2019 年 7 月初发生过一个大新闻，日本为了打压韩国半导体工业，限制对韩出口含氟聚酰亚胺、光刻胶和高纯度氟化氢，实实在在把韩国给拿捏住了。

　　事情的背景是这样的：韩国著名的左派领袖文在寅上台后，限制财阀，改革检察院，跑去三八线和金正恩会面，这些是韩国标准左派的套路。这里插一句，好多人分不清韩国的左派和右派，其实一句话就说清楚了：反美、反日、反财阀、反军政府、爱人民、爱朝鲜的，就是左派，代表人物有大家熟知的卢武铉、文在寅等；反过来，亲日、亲美、反朝鲜的，就是右派，代表人物有李明博等。韩国财阀也算右派，它们基本都有美国和日本的背景。第二次世界大战后日本到韩国投资，第一时间想到的也是这些财阀，所以韩国战后第一批富起来的人大多是右派，包括三星家族。三星集团第一代掌门人应该算半个日本人，因为他从小就学日语，大学也是在早稻田大学读的，有一半社会关系在日本。

事实上，文在寅不仅"左"，而且应该是韩国历史上最"左"的总统，他反美日，反财阀，反军政府，最爱的是朝鲜，他父母就是朝鲜人。不仅如此，他还让日本赔偿韩国在第二次世界大战中的损失。

在第二次世界大战中，日本占领了韩国，并对韩国造成了巨大的伤害。1965 年，日韩达成协议，日本为了平息两国矛盾，给韩国赔了 8 亿美元。不过这件事并没有平息韩国人的愤怒。我以前以为是韩国人得理不饶人，直到跟一个在中国读博的韩国人聊天才弄明白，他说日本那 8 亿美元都给了韩国的工业巨头，而这些巨头本身就是日本投资的企业，因此真正需要获得赔偿的人没拿到一毛钱。

所以韩国不少民间组织继续在要钱。韩国右翼政客上台，就打击这些人；左翼上台，就支持这些人。文在寅代表的是韩国平民阶层的左翼，所以也在支持平民，天天揪斗日本，甚至充公了一部分日本在韩企业。这件事激怒了日本，日本一气之下，把韩国电子行业最重要的三种原料给断了，韩国电子业几乎瞬间就受到了影响。毕竟事先没做准备，一切都太突然了。

要知道，韩国在 20 世纪跟日本人的半导体之战中，几乎完胜，后来双方调整了战略主攻方向，韩国主营半导体，日本主营半导体原料。

如果大家没弄明白这个关系，我给大家打个比方，就是在韩日半导体之战后，韩国开始卖豆腐，而日本批发黄豆。现在日本竟然断供黄豆了，那韩国豆腐也就做不成了。

这事发生后，大家都震惊了，一方面震惊于日本的这个操作，另一方面有点担心日本会不会用这招对付其他国家，同时感慨日本底蕴深厚。

当时几乎所有人都觉得韩国没选择，会向日本求饶，或者向美国求助，然后通过美国来调停恢复供应，到时候不可避免地又要给美国点好处，整体费钱又丢人。

韩国竟然挺过来了

没想到时隔大半年我再搜索这则新闻时，惊讶地发现，韩国不仅没屈服，反而挺过来了，自己想办法搞定了那三种原料的稳定供应。

那韩国去哪儿找了替代品呢？

首先在他们国内找。比如高纯度氟化氢，本来100%进口自日本。韩国之前已经在研究这种无机酸的替代品，替代品的原料是由中国一家公司提供的，但是水平一直不如日本高，而且成本也高得多。

这就好像小区里已经有了一家超市，物美价廉，后来又开了一家，物不美价不廉。按理说新开的这家根本没有出路，在竞争中处于绝对劣势。但问题是之前那家不卖东西了，大家只能去新开的这家买了。

韩国的那个替代品就相当于那家新开的超市，虽然各个方面都不如日本的原料，比如纯度达不到日本的水准，日本是12N，也就是99.999999999999%，小数点后跟着12个9，韩国自己的原料只能达到10N，而且还不划算，但好在有供应。

此外，韩国企业之前故意不使用国产的原料，还藏着一个日本和韩国之间的小龃龉：韩国财阀基本都是亲日的，所以平日里让它们用质量差一些的国产产品去取代日本的进口货，无论是感情上还是利益上都说不过去。

日本断供后，韩国政府立刻着手推动替代品，尽管韩国国产的不太划算，但是买不到日本的原料，这些财阀也就管不了那么多了。国难当头，这些财阀也顾不上左右之争了，三星的人过去一起研究，国产原料质量有所提升，反正用上了，生产不至于彻底停掉。

长期来看，韩国可能还要进一步降低原料成本，彻底替代掉日本的原料供应。

2020年年底，日本突然又说要恢复对韩国的半导体原料供应。据外界估计，日本此举可能是担心韩国亲日企业被其逼上绝路。

韩国半导体工业协会（Korea Semiconductor Industry Association）高级官员安基贤（Ahn Ki-hyun）表示："即使日本的限制恢复到 2019 年 7 月之前的水平，决定使用其他技术的公司也不会再改变。"也就是说，对不起，就算你们恢复供应，我们也不要了。

文在寅还调侃安倍，表示多谢安倍对韩国国产化所做的贡献，没有他的推动，现在韩国还在使用日本的东西。

反倒是日本国内开始质疑政府搞贸易限制的做法是否合理。因为全世界的半导体执牛耳者只剩下韩国和中国台湾地区了，日本的原料主要是卖给这两个地方，韩国不买了，中国台湾地区又不扩产，日本就没地方卖了，原料只能是滞销，放在仓库里还得花钱。

卖的原料少了，不少厂子的利润都下降明显。日本人本来以为制裁韩国是一时的，甚至考虑过迫于压力韩国人说不定会谈判提价购买，没想到韩国永久减少进口，并且使用国内产品替代了，使得日本的原料生产线受到威胁。

比如日本一家生产超纯蚀刻气体的公司，产能跌了 30%，利润少了 18%，接下来形势可能更严峻，因为韩国是世界上最大的半导体制造国，不给韩国供应原料，日本还能给谁供应呢？

这就像之前澳大利亚政府里有人说是要限制对华铁矿出

口，澳大利亚的经济学家说政府的脑子严重不好使了，中国是世界上最大的铁矿进口国，全世界 80% 的铁矿都卖往中国，澳大利亚作为卖铁矿的，不卖给中国自己留着能干什么？那不是便宜巴西了嘛（中国最大的两个铁矿供应国，澳大利亚和巴西是竞争关系）。

而且韩国在其他领域也尝试搞多元化供给，大幅降低日本的进口，防止日本再卡自家脖子。韩国统计厅 2020 年 5 月发布的数据显示，2020 年第一季度韩国进口的日本制造业原材料比例为 15.9%，与 2010 年同期 25.5% 的比例相比下降近 10%。

比较有意思的是，日本政府宣布要制裁韩国之后，日本的公司一方面表示支持政府决策，另一方面赶紧跑到中国和欧洲加大投资建厂，扩充产能。

等到日本的政策落地，这些日本公司通过中国和欧洲的公司继续向韩国供应原料，确保韩国不去自己搞研发替代，成功保住了市场，避免了重蹈上文提及的那家生产超纯蚀刻气体的公司的覆辙。

这么看来，这轮博弈的真正赢家原来是韩国，不仅反制了讹诈，还做出了漂亮的反击。

对我们的启示

这篇说的是韩国，但最终目的还是要说中国。

我前两天看了 CNBC（美国消费者新闻与商业频道）的一个财经类节目，这个节目请了高盛的分析师来探讨限制对华芯片的话题，他同意要限制中国，但是他非常反对现在的这种模式，因为这是明显的资敌。

他分析了为什么技术封锁战略到后来都不会有好下场，他说的那些观点正好在这次"韩日大战"中体现得淋漓尽致。

他说了三点——

首先，现在全球不缺产能，缺的是买家，属于买家市场。

他分析了当初美国为什么能把日本的半导体打败。很多人以为是美国限制了日本的技术。其实并不是，日本的芯片技术突破主要是日本人通过举国体制搞定的，不是美国给的。

1976 年，在通产省的主持下，日本联合了富士通、日立、三菱、日本电气（NEC）和东芝等五家生产计算机的大公司，成立了超 LSI 技术研究协会，该项目总预算为 700 亿日元，其中 300 亿日元由国家出资。在超 LSI 技术研究协会运行的四年时间内，一共产生了约 1000 项发明专利。日本迅速成了芯片制造大国，然后利用低成本优势向美国销售。

那美国是怎么对付日本的呢？

很简单，当时全世界芯片消费最大的国家就是美国，你再厉害，我不买你的产品不就行了嘛，看你卖给谁。

美国一开始对日本芯片征收 100% 的反倾销税，后来又签订了《半导体协定》，再加上日元升值，导致日本芯片在美国的销售情况大受影响。日本芯片在美国卖不动，其他国家又没那么大的需求，导致日本半导体行业急剧萎缩。

美国在打压日本的同时，扶持韩国和中国台湾地区的芯片产业，需求缺口从那两个地方补充，使得这两个地方的芯片产业迅速崛起。美国为什么扶持这两个地方呢？因为这两个地方好控制，比日本好管得多。

也就是说，美国能压制住日本，正是因为美国的买家地位。资本主义世界永远不缺产能，永远缺购买力，正是因为购买力不足，导致一波又一波的经济危机，比如疫情期间经济萧条，店铺倒闭，直接原因就是疫情导致大家不去消费了。买家缩在家里不消费，卖家倒闭了。

那么问题来了，中国在全世界芯片市场上处于什么地位呢？我直接引用数据说明。

2018 年中国芯片进口额高达 3120 亿美元，在全球占比约高达 33%，比美洲和欧洲市场规模之和还高。

也就是说，在国际芯片市场上，中国是绝对的大买家。这也是为什么 2020 年 5 月 15 日美国宣布对华为的禁令后，美股的芯片股集体大跌：新飞通光电跌逾 12%，高通跌超 5%，台积电跌超 4%。其反映的就是那些芯片企业对自身的一种担忧。

其次，限制中国芯片进口会导致中国芯片产业爆发。

这个逻辑非常简单，这就类似我在上文说的那个逻辑了，中国自己的芯片代工企业本身是不成气候的，质次价高，在自由市场上几乎卖不动，现在限制中国购买海外芯片，其实相当于变相补贴中国的这些企业。

最后，也是最关键的一点，要利用市场来打击别人，而不是跟市场对着干。

永远不要低估资本家"护食"的决心。整个资本主义世界的根基就是"商人逐利"，正是因为符合人心里最基本的欲望，所以在过去五百多年中，资本主义横扫世界。

现在眼前的一切，都是这个逻辑的衍生品，而且五百多年来的资本主义史一再强调一个基本逻辑，如果法令和逐利产生冲突，资本家们会不惜代价破除法令。

比如美国之前搞过一个禁酒令，这种大众消费品被禁之后，明面上不供应酒水了，然后全部转向了地下，黑社会前所未有地盛行，肯尼迪家族就是在这个过程中崛起的，靠走私各种酒发了大财。

对资本家来说，他们天生就是靠解决问题过活的，越是复杂而盈利的问题，他们的决心越大。如果一件事，市场失灵了，那肯定是无利可图。

再举个例子。我们之前也说过，全世界现在最大的问题就是贫富两极分化撕裂了社会，这个难题的核心就是无法对富人征税，赋税主要是由中产阶层承担。

那为什么无法对富人征税呢？

情况也不复杂。富人们为什么富？核心就是一个问题：他们都是解决问题的高手（就算他们自己不是高手，也有一堆高手帮他们），有突破性思维，你不管搞出什么法律来，他们都有办法破局，让你一毛钱都征收不到。

把这个话题扩展下，如果你的法律影响到了他们赚钱，只会造成普遍性违法。大家会竭尽全力想办法破除影响，正如我在上文提到的日本那个在中国和欧洲建厂的公司，立法永远都赶不上资本家找漏洞的速度，因为他们找漏洞的速度稍微慢一点，就会被踢出局。

所以说，封锁战略不仅仅伤害了我们，也伤害了卖家，他们会一起想办法破局，如果他们待在那里等死，他们就不是资本家了。

这并不是说我国现在已经没风险了，恰恰相反，现在我国面临巨大的挑战，只不过所有挑战本身就是机遇，韩国人正是通过不屈不挠的努力，把一次巨大的危机转化成了机遇。

特朗普上台之后没少进行限制，不过如果没有他的那一系列操作，我国很多政策，比如研发芯片这种重复造轮子的行为，根本达不成共识，但是到现在基本已经没什么悬念了，造也得造，不造也得造。前些年半导体专业还不如平面设计专业，这两年也跟着紧俏起来，这应该感谢特朗普。

芯片断供这件事，再过个半年左右，估计问题也就解决了。反正从我记事起，基本上所有的困难都差不多就这样过去了，就跟韩日这次的情况一样，事情发生的时候觉得不得了，要完了，但是总有强人会去想办法解决。不过这个问题解决了不代表所有问题就都解决了，今后肯定是一波未平一波又起。

这也对政府提出了重大的挑战，韩日半导体的崛起都是政府和大企业通力合作的结果，事实上现代超复杂行业已经没有那种单纯一家公司能搞定的情况了，甚至马斯克的 SpaceX 背后也有 NASA 的支持。这就在客观上要求政府得坚定地以技术为导向。

如果我国房价继续疯涨，肯定会滋生套利心态。更多的资金涌入房地产，房地产价格上升，进一步加强了"房价永远涨"的预期，更多的企业家去炒房……为什么民国时期整体工业水平是倒退的？因为在买办政府里，干什么都比干实业赚钱，再怎么爱国的企业家都只能灰头土脸。

而且，如果房价上涨过快，会导致政府投资给企业的研发经费转来转去，最后还是转到房地产领域。这种情况无疑会腐蚀整个社会，老百姓天天想着存钱买房，消费不振，企业家不是想着去创造财富，而是把所有的才华都花在套利炒房上，最后所有振兴经济的钱全部流向房地产。

总之一句话，机遇和挑战共存，将挑战转化成机遇，需要齐心协力、政府导向、艰苦奋斗，缺一样都不行。

从日韩人口暴跌看我国的生育率

为什么要看日韩呢？

因为从某种程度上讲，日韩就是走在我们前边的排头兵。这两个国家跟我们的文化比较接近，战后发展路径也差不多，都是走代工、外贸、大力发展科技的路径。只是韩国体量小了点，跟广东差不多；日本跟我国的情况更为相似。

仔细观察下我们就能发现，我国现在面临的问题，日韩都经历过。我经常在想，我国房价的高位横盘，很可能也是从日本那里吸收了经验教训，中国现在的状态就是既不刺破，也不放任，让市场慢慢消化，应该就是审视了日本当年的教训想出的对策。

而且美国当初制裁了日本，导致日本很多行业一蹶不振，因为日本很多产品主要是卖给美国的，美国不买，这些产业立刻就停滞了。我国在某种程度上吸收了日本的经验，大力拓展其他市场，比如欧洲市场和东盟市场，以避免美国一发难整个产业就黄了。此外，日本自己的内需一直不足，需要依赖海外市场，这也成了其软肋，我国这些年也在扭转这一趋势。

至于生育率，日本和韩国所面临的问题现在在中国也明显出现了。

日韩生育率持续走低

日韩的生育率已经低到堪忧的境地。

2020 年，日本 65 岁以上人口比例约占 29%，出生率约是 0.7%。日本现在每年的死亡人数比出生人数要多。韩国 2020 年的总和生育率为 0.84。韩国人口从 2021 年开始进入负增长时代。

人口暴跌最大的问题是养老金。对于养老金，众所周知的一种理解方式是，你的养老金养了你的父母，将来需要你的孩子来交养老金养你。如果你没孩子，或者全社会孩子太少，养活不了那么多老人，老人们就得自己去上班。

去过日本的人应该都有体会，上班族里很多是老人，便利店、超市、商场也到处都是老人。所有老龄化严重的国家，最后无一例外都会使劲推迟退休年龄，说不定会一直推迟到不退休。之前日本有政客就说过这事。

有人问：我可不可以自己攒钱养老？

也不是不能，不过我们都是假设现在攒的钱将来能买到东西，但如果人口一直跌，想也不用想，人力会贵到离谱，你年

242

轻时攒的钱，到老了可能根本不算钱。

就跟几十年前我爷爷准备用五千块养老一样，毕竟那时候的五千块，给人的感觉就好像现在的一百万元似的。但是很可能，你现在的一百万元，到你老了，跟一百万日元似的，本来准备过二十年的，结果没想到只挺了一两年，钱没了，人还在。

那为什么他们不生孩子呢？

原因有很多，有全球共有的原因，也有东亚特有的原因。我们一个一个地捋，大家看的时候也想想我国的情况。

首先是"全球与此同凉"的工业化问题。那为什么工业化会导致生育率低呢？

主要有三个原因。

一是教育。教育让女性生育年龄大幅往后延迟。以前女性十四五岁就生孩子了，接受教育之后，一般女性得到二十来岁才生孩子；大学毕业后，如果工作几年再生孩子，生育年龄直接到了二十多岁、三十多岁了。人们在三十多岁生孩子，负担本来就重，做决定也会更加谨慎。生孩子这事越往后决策越难，你如果四十多岁要生孩子，你自己压力就够大了，说不定周围的人也都会劝你别冲动。所以说，女人年龄大一些再生孩子是进步，但是付出的代价就是生孩子的机会少了很多。

二是经济压力。养孩子属于投资，投资必然会抑制家庭在其他方面的消费，直接后果是夫妻二人的生活质量大打折扣。本来两口子想出去追求下诗和远方，但考虑到孩子，心态可能就变了，要把两人出去旅游的钱省下来给孩子报个兴趣班。对于大部分游戏宅男来说，一台四五万元的电脑基本就是顶配了，但是很少有人下决心买。然而给孩子花钱，父母们基本都不会心疼。东亚地区在这方面表现得尤其突出。一般家庭生几个孩子之后，家庭生活质量会受到巨大的影响，这也是导致很多年轻人对生孩子望而却步的一个原因。

三是最重要的一点，心态问题。现在社会的透明化让一部分人的得失心变得很重，尤其体现在生育上。有个段子说，以前南方人一说起北方的冬天，感觉北方人全在寒风中瑟瑟发抖。至于东北人，应该过着类似因纽特人的生活，出门行动都得披张熊皮。后来互联网兴起，南方人才发现不少北方人大冬天躲在30℃的家里吃着雪糕、涮着火锅，南方人内心崩溃了，然后强烈要求南方也集中供暖。

段子归段子，但不得不承认的是，互联网把整个社会的现实情况直接展示在大家面前。本来过得还不错的人，跟别人一对比，觉得自己简直是在生存线上挣扎，别人吃是享受美食，自己吃是为了生存。这种强烈的对比让不少人的心态产生了巨大的动荡。

　　所以说，穷不穷这种事很多时候是个观念，相同的收入在不同的环境中体会完全不一样。当大家不觉得自己穷的时候，就不那么穷。说回到生孩子这件事上，在我们中华人民共和国刚成立那会儿，尽管大家很穷，但生育率反而挺高。

　　下边这些观点简直有毒：奋斗一辈子赶不上别人的起点；你的努力在门第面前不堪一击；免费玩家就是人民币玩家的道具；等等。人对生理上的痛苦承受能力其实很强，但是对这种精神上的无助和失去控制力的感觉承受力就很弱。很多人有"删档卸载游戏"的冲动，或者干脆放弃了"打怪升级"，只想安安静静做个废物，更别提再生一代受二茬苦了。

　　说到这里，其实房价反倒只是这种"绝望感"的一部分，而不是关键因素。大家想想，鹤岗的房价都跌成地板价了，也没听说那里人口暴涨吧？

东亚特色

　　如果说中、日、韩有什么特色，那无疑是儒家文化下那种隐忍、勤奋和内敛。这些观念层面的东西，让中、日、韩三国成为一百年中仅有的几个跻身强国俱乐部的后起之秀，但是无一例外在发力阶段用力过猛，导致了一大堆后遗症。

　　比如当年日本工业界有句话，说是"工厂的门一关，法律就进不来"。20世纪日本人搞工业的那股冲劲，比中国现在的"996"过分得多。稻盛和夫，日本经营之神，最早他手下那群人的基本操作就是每天要干活 18 个小时。这就意味着每天除了吃饭、睡觉，其他时间都在干活，甚至吃饭、睡觉的时间都被压缩了。日本的经济奇迹就是这么被创造出来的。好处是取得了巨大的进展，日本经济一日千里。弊端也很明显，那些奋斗狂成为管理层后，天天跟年轻人炫耀当年的辉煌往事，并且表示年轻一代都是废物，连他们当年一半的努力都达不到，成功地把年轻人给吓退了。而且年轻人也不想过当年的那种生活，甚至觉得当初他们都那么努力奋斗了，结果现在还是迎来了大停滞，现在的奋斗又有什么意义？

再说，"奋斗"这种事是需要动机的，动机有两种：

一是对贫穷的恐惧。这个谁都怕，但并不是谁都有感受。

二是对美好生活的向往。但是现在很多人并不向往。

日韩崛起那代人的奋斗动机往往来源于对"一无所有"的恐惧。毕竟这两个国家在战后一穷二白，努力摆脱那种悲惨境遇成了早期那些人的原动力，再苦也觉得比战后住在瓦砾里强，再累一想到今后会好起来也就忍了。

但是年轻一代缺乏悲惨经历，也就缺少对贫穷的恐惧，他们的生活本来优裕，慢慢地他们就不太明白那么艰苦地奋斗到底是为了什么。

不仅不明白，反而对那种奋斗过程充满恐惧。人一旦要是心虚了，就各方面都虚，怕奋斗，慢慢地也怕抚养孩子，怕做父母承担责任，怕竞争，可以理解成一个"恐惧全家桶"。

这些观念跟病毒似的席卷整个社会，越来越多衣食无忧的人决定放弃奋斗和生育，简单地躺下来做个废物。当初父辈躺下就会全家饿死，所以必须起来干活；而自己躺下也饿不死，不仅饿不死，反而能更快乐一些，为什么不呢？

不仅如此，中、日、韩三国还有个明显特点，就是大城市特别大。这也是没办法的事，人多地少，建设超大城市是效率最高的发展方式，落后国家没什么更好的选择。但是这一策略的好处和毛病都很明显，城市越大，人的幸福感越差。

还有救吗？

鼓励生育，尤其是只喊口号不给实惠的鼓励，对提高生育率效用可能不大。"不生孩子"这个观念跟消费主义差不多，事实上这本身就是消费主义的一部分，放弃生育后代，换取自己过得省心。放弃生育后代这事的本质就是放弃储蓄和投资，好好消费。

这种观念一旦被种下去，大概率是没法逆转了，你再说什么他都不听，所以基本上也可以放弃"劝生"这个念头了。

日本、韩国现在最惨的地方就在于：要不开放移民，等着国家变色；要不就慢慢消亡。没什么特别好的选择。

对于我国来说，虽然情况不乐观，但也还没那么糟，毕竟幅员辽阔，而且人口基数也大，时间比较足。要知道，东南亚有两千多万华人，绝大部分都是从广东和福建过去的，生育能力还是非常强的。

况且，我们的很多问题，其实就是人口太多、资源太少导致的。人口适量降一降并不是坏事，只是别太激进就行，到时候一个年轻人养着两个老人和一个小孩，如果生产力没法突破的话，那日子就没法过了。

既然人口不能急降，咱们可以从这么几件事来出发，比如不要动不动就指责那些愿意生孩子的人。

一方面，如果他们过得很惨，会加剧"中立区"的人倒向"拒生区"；另一方面，如果他们也不生了，年轻人暴跌，对我国发展的负面影响也是非常大的。

所以我们在社会舆论方面应该形成共识，如果别人不想生，大家不应该对他指手画脚，毕竟除了亲妈，其他人说这事都不太合适。

但是，如果谁要是想生，就更没必要围攻人家。

如果不出意外，我们后续可能会给生育妇女大量的优惠政策，比如生孩子放长假、延长哺乳期等。不仅如此，还要给雇用肖龄女性的公司税收和贷款的优惠政策。道理不复杂，如果生孩子会丢工作，还有谁想生孩子？

那谁来承担成本呢？有些国家一般的做法是让单身人士和丁克来承担。以德国为例，单身税最重，丁克次之，生孩子的家庭有大量补助。不过在这种情况下依旧没法抑制生育率的下跌，德国还得从土耳其那里引进人口。

有个特别有意思的事，国家如果明目张胆地规定丁克多交税，估计各方都接受不了。但是，如果国家给多生孩子的家庭补贴，变相地让丁克多交税，大家又普遍觉得没什么问题。发达国家一般都是这样来转嫁成本的。

最后总结一下：

1. 人口适当下降并不是坏事，而且几乎不可避免，工业化和大城市本身就带着避孕效果。不过人口减少并不是均匀的，比如将来一线大城市的出生率可能最低，但是这些城市可以从全国吸收人口，最后这些城市的人口不降反升，反倒是其他地方的人口被一线城市给吸收了。

2. 人口下降会改变很多行业格局，比如我一个做培训的朋友说，到2030年，他们这个行业可能会萎缩一半，小伙伴们也都思考下这类问题。

3. 我国将来不可避免地也会像很多国家那样走上鼓励生育的路线。

4. 需要担心的是结构失衡，比如老年人的比例冲到30%

以上，养老压力会非常大。日本现在每个人一生下来就背着一屁股债，也是这个原因。

如果不向上攀爬，就得掉坑里

前段时间看到知乎上有几个帖子：

"为啥感觉这两年机会变少了？"

"为啥工作感觉越来越无聊，缺乏动力？"

"这两年跳槽涨工资的机会开始变少了。"

其实我几年前就发现了一个问题，从我去过的那些国家来看，似乎只有我们中国社会变革这么快，尤其是前几年，日常财富神话频现，而其他国家这种情形早就消停了。年轻人几年就可以积累到父辈一辈子积攒的财富这事，也就在中国才能看到。

那为什么这两年这种情形开始有点消停了呢？原因并不复杂，不过在说明原因之前，我想先说一下巴西和日本的情况。

人们工作最没动力的国家有哪些？

我去过不少地方，如果让我说人们工作最没动力、机会最少的国家，我脑子里立刻蹦出来两个——巴西和日本。

巴西和日本完全是两种国家，首先说巴西。巴西这个国家很有意思，从理论上讲，它应该比加拿大都富有，但是它跟加拿大又不一样，就人口数量而言，加拿大其实算小国，人口只比重庆多几百万，但这么少的人却占着那么大的国土。

巴西是大国，人口有两亿多，所以实地去感受一下，你就能发现加拿大比巴西富得多。巴西整个国家贫富两极分化严重，看着平均值好像不低，但是少量富人切走了大块的蛋糕，巴西高级富人区和印度一样，富丽堂皇跟曼哈顿差不多。

奇怪的是，巴西富人区也建在贫民窟边上，说不定他们每天早上从窗户望出去，也能提升相当高的幸福感。

富人们住在富人区，从事高收益的项目，比如矿业、农场业等，或者从事跟基础设施相关的项目，如电信产业、供水行业等。巴西没什么工业，以前倒是有些工业，这些年也没了。

在巴西整个社会里，老百姓并不觉得"明天会更好"，好像都是过一天算一天。事实上，巴西在过去几十年里变化并不大，这几年有点倒退，当初被高盛的经济学家评为"金砖四国"之一，现在已经基本没人提这个词了，因为巴西经济实在是一言难尽。

更夸张的是，我同事以前说想在圣保罗买房，因为之前他在上海的房子暴涨，觉得巴西一线城市的房子这么便宜没道理，后来想来想去没买，因为他觉得这么好的事轮不上自己，如果真要涨，应该早涨了。前几天我还问他那边房价涨了没，他问了下那边的朋友，说是跌了。

一线城市的房价会下跌，也是奇特，毕竟连印度首都的房价都在上涨。一般各国都在超发货币，老百姓为了保值都会买房来抵抗通胀，巴西人连通胀都懒得理，让通胀在巴西一点面子都没有。

巴西人就是及时行乐主义者，"加班"这个词在巴西是不存在的，整个国家有种悠闲的气氛，到处都是果树，碰上成熟季节，果子掉在地上摔得稀巴烂，所以不存在饿死人的情况。

说完巴西，该说日本了。日本这个国家更奇特。如果你刚接触，会感觉非常惊喜，整个国家又精致又和谐，而且非常漂亮、干净，就跟进入了一个漂亮的"高尚"社区一样。

但是，如果你在日本待的时间长了，就能发现整个国家、每个人都像设置好了程序一样，每天周而复始，在客客气气的外表下，是严密的社会阶层。

咱们先说个在中国经常发生的情况，几乎是北上广的日常：今天你才狠狠地修理了一个小子，明天他愤而离职，再过几天他找到新工作工资翻倍，跑你头顶上去了，还发消息称呼你"小王"，而前几天他还称呼你"王总"来着。

这种场景在日本几乎不大可能，或者说非常非常稀有，日本受过教育的阶层都很少换工作，绝大部分人都是毕业就去一家公司，一直在那里待到老，升职加薪都要靠资历。你在一家公司待了很久，然后跳槽到另一家公司去了，就得重新排资历，那真成 40 岁的"小王"了。

所以日本人在处理人际关系时都是小心翼翼的，毕竟要一起相处很多年，不能太疏远，也不能太亲近，互相之间任何时候都满脸假笑，生怕让别人觉得自己不友好，日后不好相处。

我这几年目睹好几个人跑去日本，刚去的时候咋咋呼呼，就跟没进过城的乡巴佬一样天天处于精神亢奋状态，各种更新日常所见。几年下来，这些人越来越消极，再后来就没消息了，一般过个三五年就搬回来了，因为实在是受不了人和人之间那种内在的冷漠，日本那种高度静态的社会能把大部分人逼疯。

而且日本人不大喜欢二手房，所以日本的二手房往往卖不上价。这也是为什么日本的房产非常稳定。当然了，最重要的还是人口老龄化。人口对于城市的影响是决定性的。

为什么说这两个国家呢？因为这两个国家跟中国相比有一点比较像，社会、经济都经历过高速发展的时期，但它俩后来都陷入社会活力严重缺失的状态。

为什么会出现这种状态呢？

说白了，巴西和日本一样，在过去几十年里，都没怎么赶上这一轮移动互联网大爆发的机遇，所以社会结构没有被冲击，市场非常稳定，没经历洗牌，二十年前的大公司现在还是大公司，既然没有新的大公司涌现，普通人也就别想在这种洗牌中获益。

大家现在可能已经体会到一点乏力感，觉得机会在慢慢变少，所有行业利润都越摊越薄，都在逐步"餐饮化"（餐饮行业利润薄，更新快，跟炒股似的，十家有八家赔），这其实也是社会整体技术红利正在耗尽的迹象，很快，"跳槽"涨工资这事也就没指望了。

一个行业红利耗尽的标志，就是你想跳槽都没地方跳，大家思考下是不是？如果没法跳槽，那当然就只能待在一家公司里熬资历了。

只有技术发生突破，才会产生一系列的推倒重置，比如百度在上次移动互联网的崛起过程中被推掉了，然后起来了很多手机公司，还有微信、拼多多、头条系等。这个过程又会产生额外的红利，比如全国无数个科技园区成了香饽饽，无数家庭靠着这轮科技红利过上了幸福生活，如果移动互联网没爆发在中国，"码农高收入"这事跟做梦似的。

稍微时间长一些，这种爆发就跟瓶子里的水和油一样慢慢平静下来，形成新的格局。

就好像地球以前是热气腾腾、黏糊糊的，冷却下来就定了型。在没有外力打破的情况下，我们中国大概率会形成德国或者日本那种形态，整个社会非常稳定，波动非常小，当然了，机会也变少了。日本、德国还算好的，可以理解为"高位停滞"，其他国家大部分被锁死在低位水平。

说到这里，大家就明白了，在加入世界贸易组织之前，我国的发展情况一般，加入世界贸易组织后，由于需求和技术输入，引发大发展。这两年发展明显开始减缓，然后大家就感觉生活好像不如以前那么挥洒自如了。

不出意外，再过一些年社会各方面就会变得非常稳定，大家也不再随便跳槽。现在大家觉得工作没动力且乏味，很大一部分原因是奇迹越来越少，剩下的全是日复一日的例行工作。

当然了，那个时候可能大家也不纠结了，每天安安心心上完班回去搞点娱乐什么的。现在全世界像中国人民这样集体想着进步的，好像没有了，日韩以前也有这种激情，现在也消退了。

我国现在已经出现了这个苗头，比较明显的是，淘宝、京东、拼多多三家公司切掉了那么大的线上市场份额，手机行业也只剩下了几个巨头，而且长视频、短视频、社交通信都有一家非常成熟的公司立在那里，这就是市场趋于成熟稳定的明显征兆。

一旦巨头在成熟领域扎稳脚跟，很可能要在那里待几十上百年，直到新技术出现，它们才会不情愿地离开。

在这个过程中，社会只会慢慢趋于平静，比如日本，能做的生意、能发财的机会也就越来越少，明明是非常发达的社会，但是大家感觉生活非常无聊。当然了，也有可能是因为新技术在某些国家根本没开花结果，只能玩点第二次工业革命的成果，农场和矿产什么的，比如巴西和阿根廷。

所以说，巴西就是中等收入陷阱，日本就是高等收入陷阱。两者都是发展到某一个状态，红利在每个行业都消失，社会没法继续向上突破，然后凝固了。

国运

在我国成功研制盾构机之前，德国人是靠着那个机器躺着赚钱的，几乎是不管他们定价多少，我们都得买，不然就只能自己用铁锹去挖隧道。

你一旦研发成功了这种机器，它可以帮你养几万个家庭，几十万人，而且这种机器卖到海外去，又可以创汇，公司有了钱可以研发更加先进的设备，招聘更多技术人员，进行新一轮技术扩张。

其他行业的发展也差不多，比如这段时间被热议的华为，以前其实就非常厉害，在电信领域硬生生地杀出一条血路，在这个过程中也遭遇了一些波折，不过那时候美国比现在还算讲道理。

以前的美国强大而且自信，现在的美国沦落成了个收保护费的小流氓，不交保护费就往你家门上泼油漆。

手机的事大家也都看到了，中国企业本来类似"集成商"，手机里的大部分关键部件都是外国的。从华为开始，中国走上了自主研发的道路，然后就被美国给盯上了。

不自主研发肯定不行，那样很快我国就会陷入内卷，然后迅速凝固。

不过在 2018 年之前，绝大部分人都不考虑中国要去从头开始生产手机里的那些芯片，一方面不划算，就像你需要一把菜刀，你是去买一把，还是自己开个铁匠铺打造一把？当然是买一把比较划算。另一方面前期投入太大，而且最后可能还得不到什么结果。

但是现在基本达成共识了，中国自己不研发芯片，迟早会被别人卡脖子，没有选择反而是选择。

我前段时间去招聘，一起参加招聘的就有某芯国际的人，他们队伍中有个小伙看着比较好说话，我俩聊了一会儿。

这个小伙从中科大毕业后去美国读博，博士毕业后在美国的一家芯片公司上班，公司里华人最高只能做到中层干部职位，所以他一参加工作就闹心，觉得职业生涯已经到了一半的头，想回国吧，国内的芯片产业又是这样的状况。

后来听说美国要打压中国芯片产业，他联系上了某芯的一个领导，沟通交流再加上跟老婆反复讨论后，拖家带口回了国。刚进部门发现里边没几个人，过了试用期领导就给了三个人让他带着，现在他手底下已经有两个项目组了。

他说芯片这东西，外行人看着好像很高端，其实研发芯片虽然不容易，但是也没那么难，最难的是"划算"和"成本"的问题。在市场上有成熟供应链的情况下，你生产出来也卖不出去。就好像你们小区已经有了一家非常方便且货品齐全的超市，后来再开一家，品类不如之前那家超市多，价格还贵一些，谁去啊？

为什么中国自己之前不研究芯片？说白了就是，即便研究出来也卖不出去，质量不如人家国外的，成本还比别人高，根本不会有人买。

但是现在不一样了，美国不卖了，赶鸭子上架也要自己研发。不止华为，所有的国内手机厂商都盯着他们这些芯片研发者。也不止那些手机厂商，还有上海微电子什么的，现在他们什么都顾不过来了，必须尽快研发芯片，不仅国家拨款了，从市场上也融到不少资金，属于市场和国家都用钱投了票，这是投票界的最高层次。现在他们团队的成员都是从美国、德国回来的，大家都是拖家带口的。

他还说，网上不少自媒体悲观得不得了，其实有什么可怕的，他们那些芯片工作者都是拿自己的职业生涯和全家人的后半辈子在对赌。

只要生产出来的东西能卖出去，迭代循环就运转起来了，只要"生产—市场—研发"这个"工业之轮"滚动起来，就没有解决不了的问题。

他还说了一件事，他说国家现在面临巨大挑战，但是对于他们那些芯片工作者，百年难得一见的机会来了，如果顺利把这事搞定，就能填补一个天量的需求大坑。他们现在这拨研发芯片的人，就类似 2010 年左右加入互联网的那些人。

他给我看了一个名单，说名单上的那些人，前几年在市场上还找不到对口的工作，属于被互联网企业秒拒的，但现在对他们的需求量大，个个都给开的高薪，等着大领导批，批完了就要去干活了。

说到这里大家应该明白了，如果芯片能向上突破，科技树进一步向上爬，我国的均衡层次会进一步向上抬高，水涨船高，带动上下游，又会涌现出一堆机会跟工作岗位来，以中国艰苦奋斗的能力，前途可期。

而且新技术会带动整个社会的变革，比如无数家庭会因为新技术的突破变成中产阶层，这些人消费能力变高，又会让其他领域的蛋糕变大，就好像淘宝的崛起让南方各种村里富了一拨一样，他们富了又进一步推动市场繁荣。

不过有一说一，挑战也非常大，这就好像当初美国人偷了英国看家的纺织机技术起家一样，让英国痛心疾首了好多年。美国的制造业之父塞缪尔·斯莱特，到现在在英国还是"史上最大的叛国者"。现在美国又在严防芯片技术外漏，多么奇怪的巧合。

现在高科技领域就是欧美国家的奶牛牧场，它们肯定不愿别人去分一杯羹。

但是我国又不能不往上走，不然很快就会陷入日本和巴西的那种状态，问题是我国现在人均 GDP（国内生产总值）远远没有日本那么高，既然没办法退，那就只能上了。

几年前我去美国就发现一个问题，你可以看到美国超市里一大包牛肉 9.9 美元，两条龙虾尾 12 美元，家家大排量汽车。但你再看看我们，再看看其他欠发达国家，就能发现一个明显的问题，越穷的国家，好东西越贵！也就是说，国家兴衰，直接决定你去超市能买到多少东西。我们一直强调的"小民尊严"，其实完全是跟大国崛起挂钩的，国家发展不起来，就会人人面黄肌瘦，过年才能吃一顿肉。

一直在说一件事，我们的目标应该定为努力提高 14 亿人的生活水平，让大家过上幸福的生活。不少人天天羡慕欧美发达国家的生活水平，却完全没意识到要达到那个目标需要做点什么。

那到底该做什么呢？

只能是奋斗，在所有层面上狂点科技点，工程、技术、管理等，不然很快就会陷入"低机会陷阱"，现在没出头的人也就别想再出头了。

而所谓"中等收入陷阱"，其实就是技术被封锁后上不去，整个社会沦为打工一族，永远只能吃人家分给我们的那一份，人多肉少，自然就容易陷入激烈的内耗和内部竞争。

接下来这种冲突不知道会持续到什么时候，不过肯定是一场持续好多年的恶战，我倒是不相信全球化会大幅倒退，不过技术封锁这事肯定是板上钉钉的事。咱们也只能是放弃幻想，扎实苦干了。毕竟，现在除了向上攀登，已经没有别的路可选了。